全国职业院校机械类专业通用教材

钳工技能训练图册（第二版）

王　克　主编

中国劳动社会保障出版社

简介

本图册分为基本技能篇、综合技能篇、鉴定考核篇三部分，涵盖国家职业技能标准《钳工（2020 年版）》中的技能要求，图例丰富多样，贴近生产实际，内容循序渐进，在教学上具有良好的操作性。

本图册既可作为相关技能训练教材的配套用书，也可作为培训教材单独使用。

本图册由王克任主编，王希波任主审。

图书在版编目(CIP)数据

钳工技能训练图册 / 王克主编 . --2 版 . -- 北京：中国劳动社会保障出版社，2020

全国职业院校机械类专业通用教材

ISBN 978-7-5167-4751-3

Ⅰ. ①钳…　Ⅱ. ①王…　Ⅲ. ①钳工－职业教育－教材　Ⅳ. ①TG9

中国版本图书馆 CIP 数据核字(2020)第 227026 号

中国劳动社会保障出版社出版发行

（北京市惠新东街 1 号　邮政编码：100029）

*

三河市华骏印务包装有限公司印刷装订　新华书店经销

787 毫米 ×1092 毫米　16 开本　7 印张　145 千字

2020 年 12 月第 2 版　　2023 年 5 月第 3 次印刷

定价：14.00 元

营销中心电话：400-606-6496

出版社网址：http://www.class.com.cn

http://jg.class.com.cn

目　录

基本技能篇

一、测量轴套

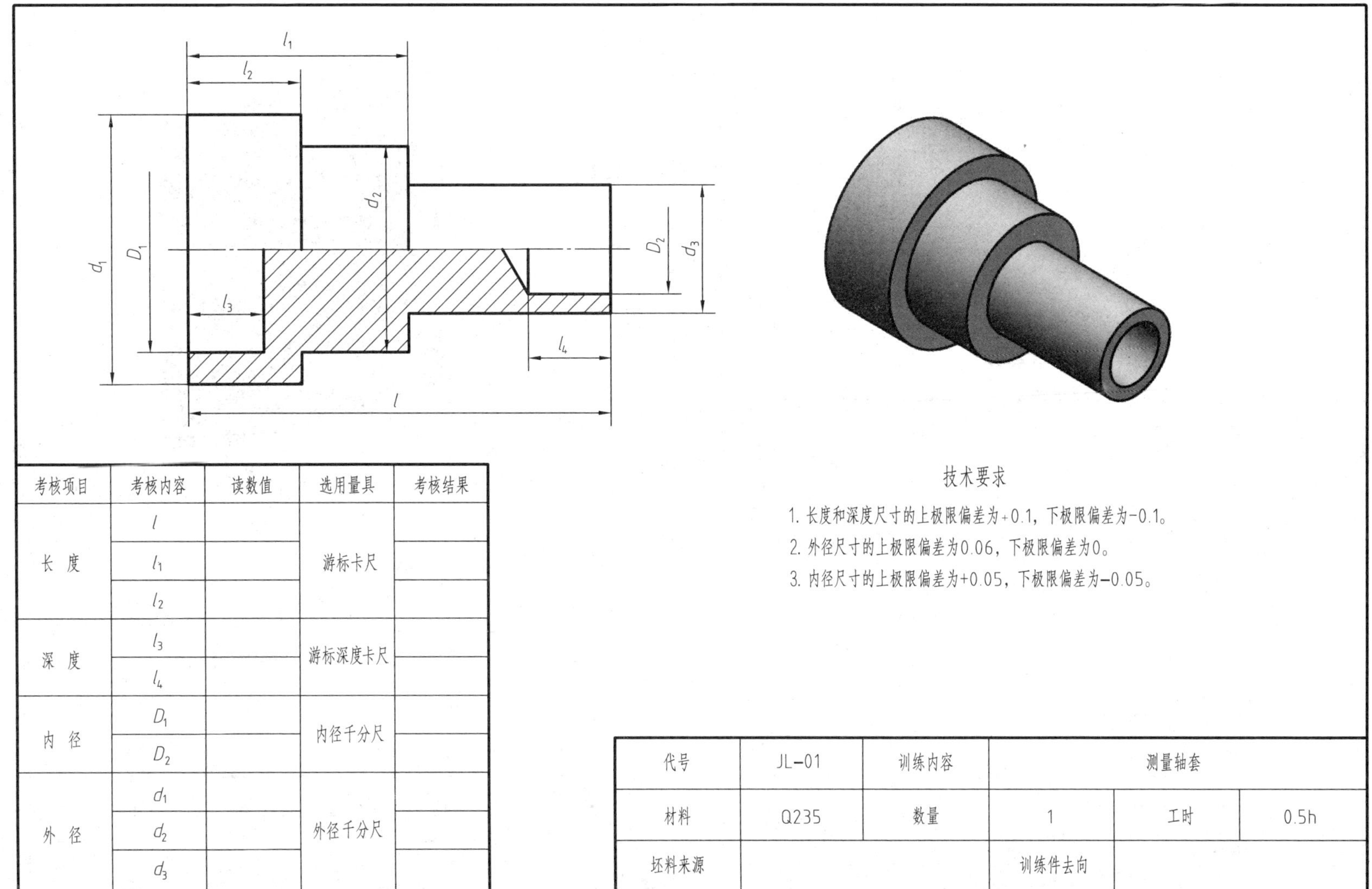

技术要求

1. 长度和深度尺寸的上极限偏差为+0.1，下极限偏差为-0.1。
2. 外径尺寸的上极限偏差为0.06，下极限偏差为0。
3. 内径尺寸的上极限偏差为+0.05，下极限偏差为-0.05。

考核项目	考核内容	读数值	选用量具	考核结果
长　度	l		游标卡尺	
	l_1			
	l_2			
深　度	l_3		游标深度卡尺	
	l_4			
内　径	D_1		内径千分尺	
	D_2			
外　径	d_1		外径千分尺	
	d_2			
	d_3			

代号	JL-01	训练内容	测量轴套		
材料	Q235	数量	1	工时	0.5h
坯料来源		训练件去向			

二、测量定位块

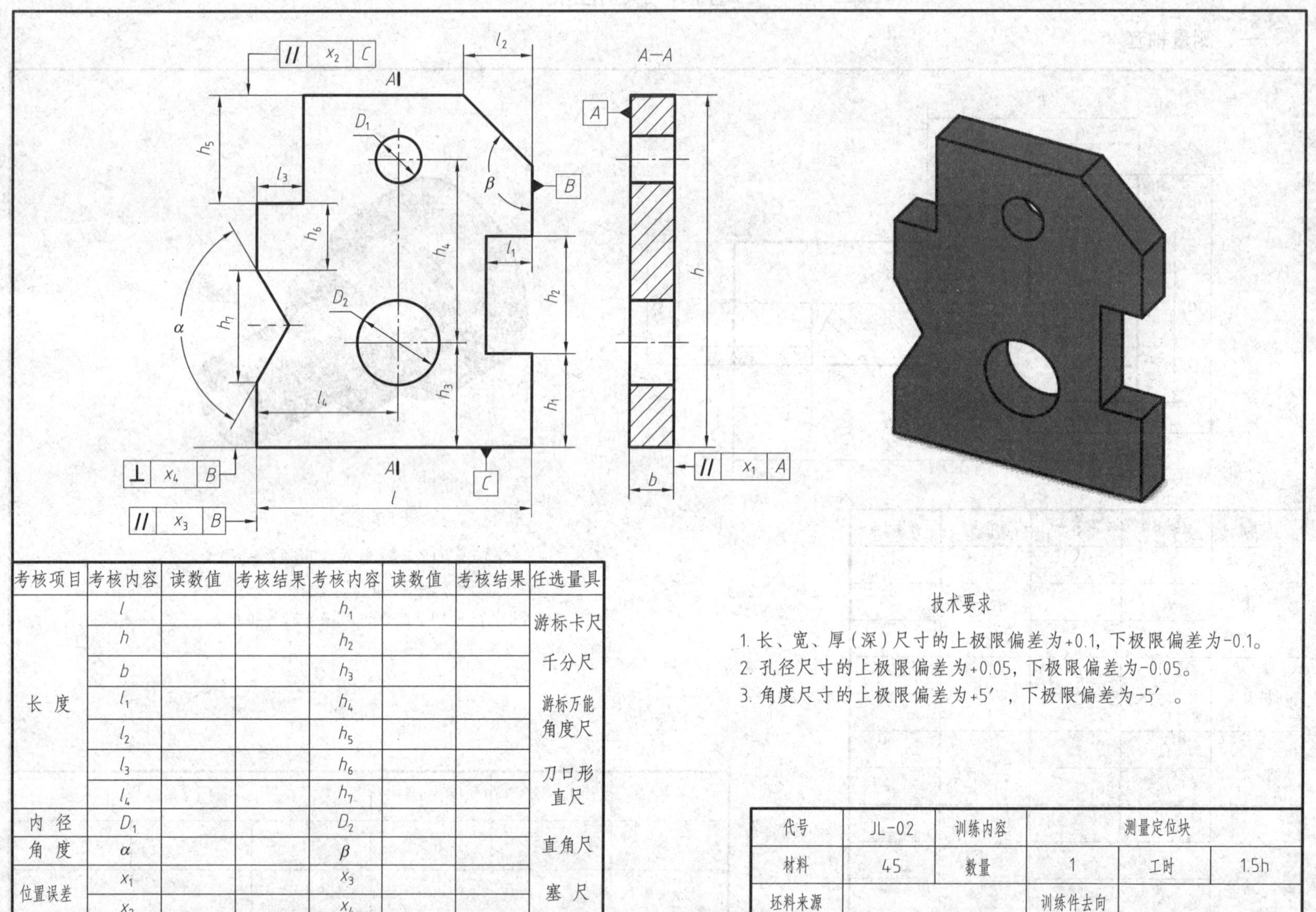

考核项目	考核内容	读数值	考核结果	考核内容	读数值	考核结果	任选量具
长度	l			h_1			游标卡尺
	h			h_2			
	b			h_3			千分尺
	l_1			h_4			游标万能角度尺
	l_2			h_5			
	l_3			h_6			刀口形直尺
	l_4			h_7			
内径	D_1			D_2			直角尺
角度	α			β			
位置误差	x_1			x_3			塞尺
	x_2			x_4			

技术要求

1. 长、宽、厚（深）尺寸的上极限偏差为+0.1，下极限偏差为-0.1。
2. 孔径尺寸的上极限偏差为+0.05，下极限偏差为-0.05。
3. 角度尺寸的上极限偏差为+5′，下极限偏差为-5′。

代号	JL-02	训练内容	测量定位块		
材料	45	数量	1	工时	1.5h
坯料来源			训练件去向		

三、平面划线（一）

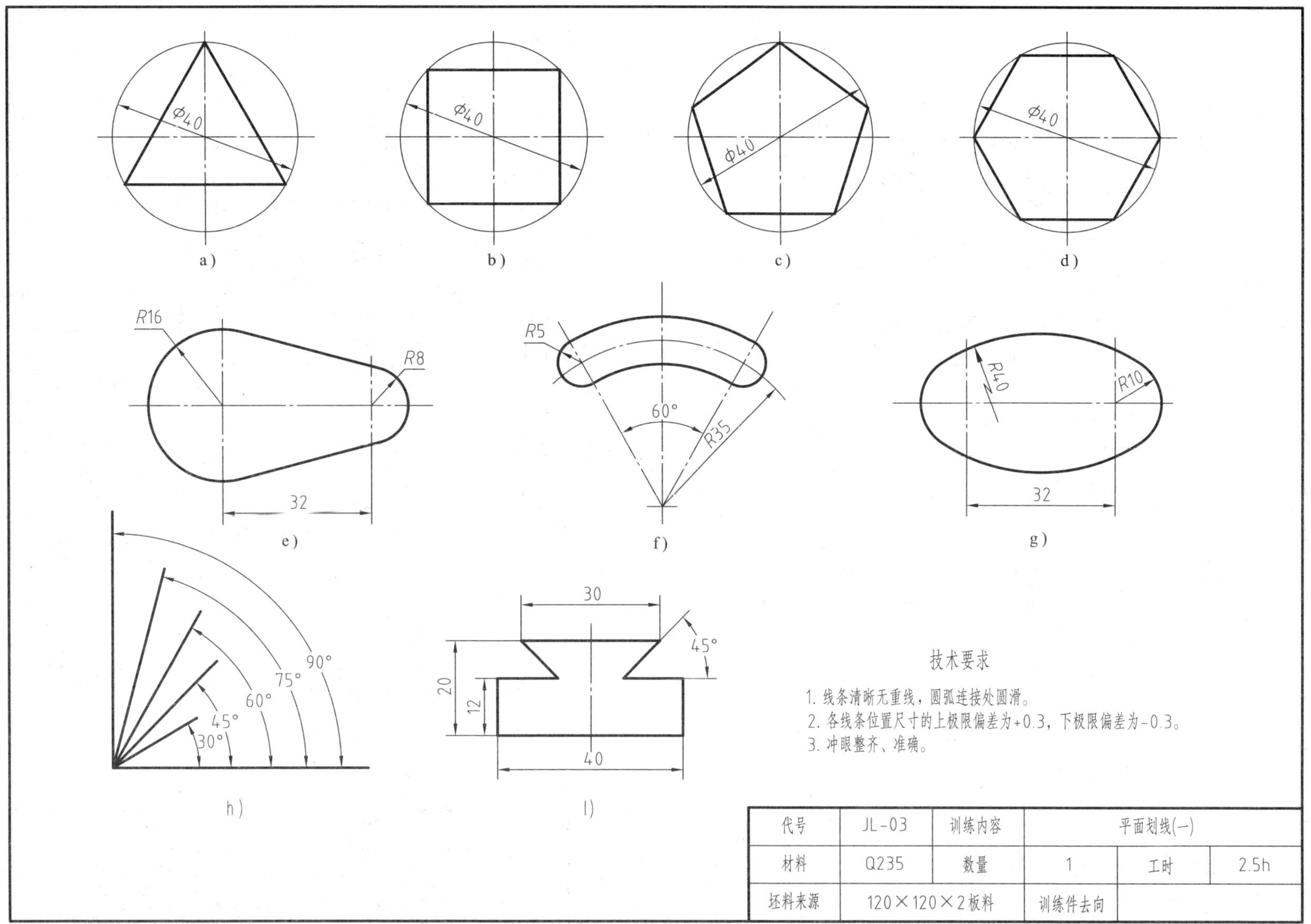

技术要求

1. 线条清晰无重线，圆弧连接处圆滑。
2. 各线条位置尺寸的上极限偏差为+0.3，下极限偏差为-0.3。
3. 冲眼整齐、准确。

代号	JL-03	训练内容	平面划线(一)		
材料	Q235	数量	1	工时	2.5h
坯料来源	120×120×2板料	训练件去向			

四、平面划线（二）

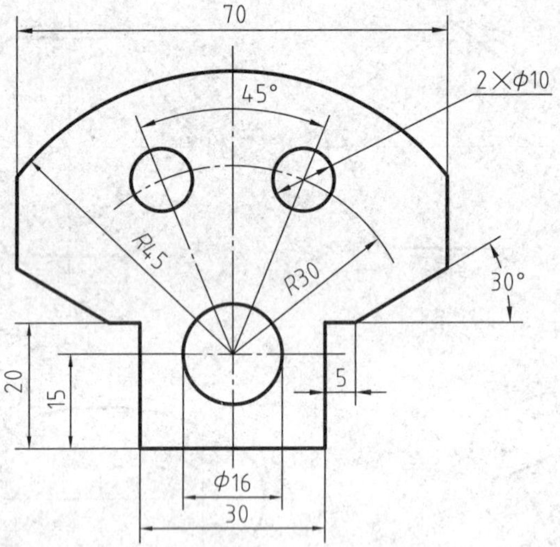

a)

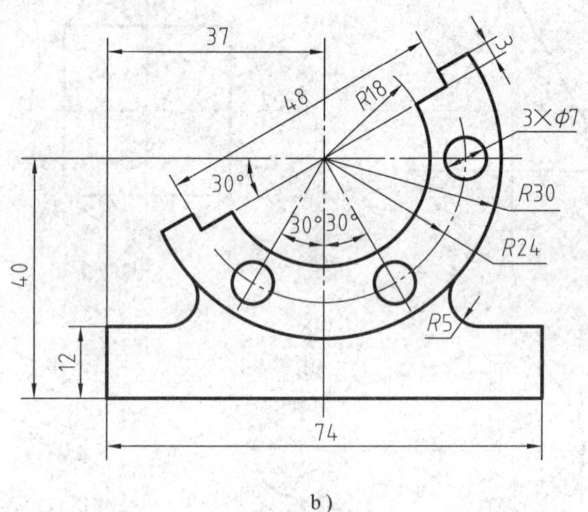

b)

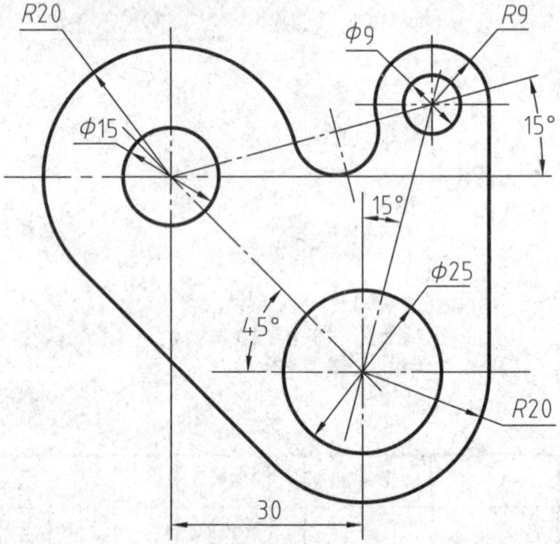

c)

技术要求

1. 各尺寸线条位置尺寸的上极限偏差为+0.3，下极限偏差为-0.3。
2. 各线段直线、曲线连接错位＜线宽。
3. 线条清晰，冲眼整齐、准确。

代号	JL-04	训练内容	平面划线(二)		
材料	Q235	数量	1	工时	2.5h
坯料来源	120×120×2 板料	训练件去向			

五、拐臂立体划线

78
52
2×Φ8
A
Φ30
35
5
31
55
12
100
A—A
50
13
Φ13
25
26
技术要求
1. 长、宽、高三个位置垂直度找正误差为±0.3。
2. 长、宽、高三个位置尺寸基准位置误差<0.5。
3. 划线尺寸的上极限偏差为+0.3，下极限偏差为-0.3。
4. 线条清晰，冲眼整齐、准确。
代号
JL-05
训练内容
拐臂立体划线
材料
HT150
数量
1
工时
1h
坯料来源
100×55×50 方料
训练件去向

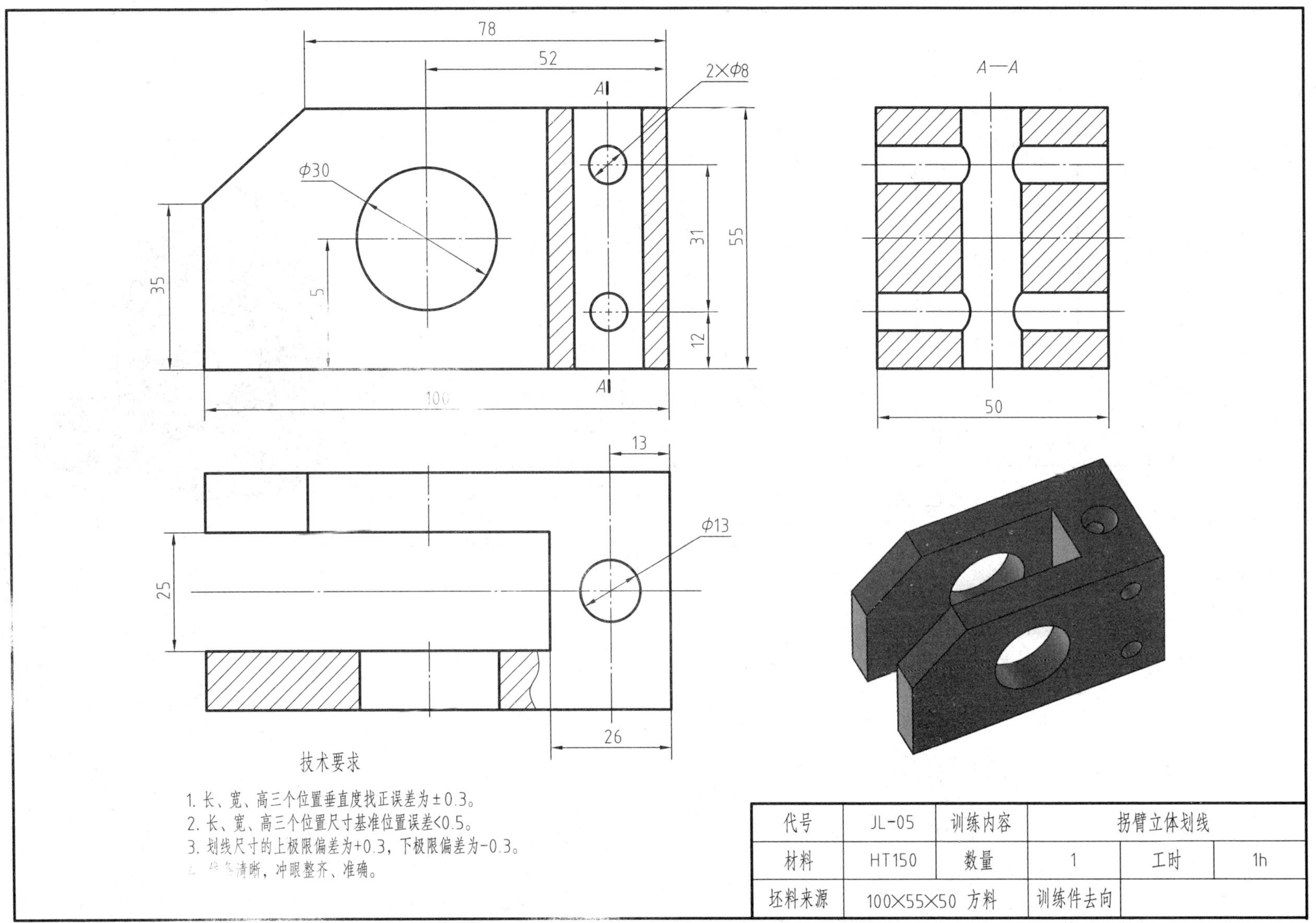

六、轴承座立体划线

70
35
φ25
φ15
Ra 3.2
36
134
90
16
2×φ15
⊔φ25↧2
14
70
10
100
φ40
R40
20
3
45
90
130
Ra 12.5
技术要求
1. 长、宽、高三个位置垂直度找正误差为±0.3，尺寸基准位置误差<0.5。
2. 划线尺寸的上极限偏差为+0.3，下极限偏差为-0.3。
3. 线条清晰，冲眼整齐、准确。
4. 铸造圆角 R3。
代号 JL-06 训练内容 轴承座立体划线
材料 HT150 数量 1 工时 2h
坯料来源 铸造毛坯 训练件去向

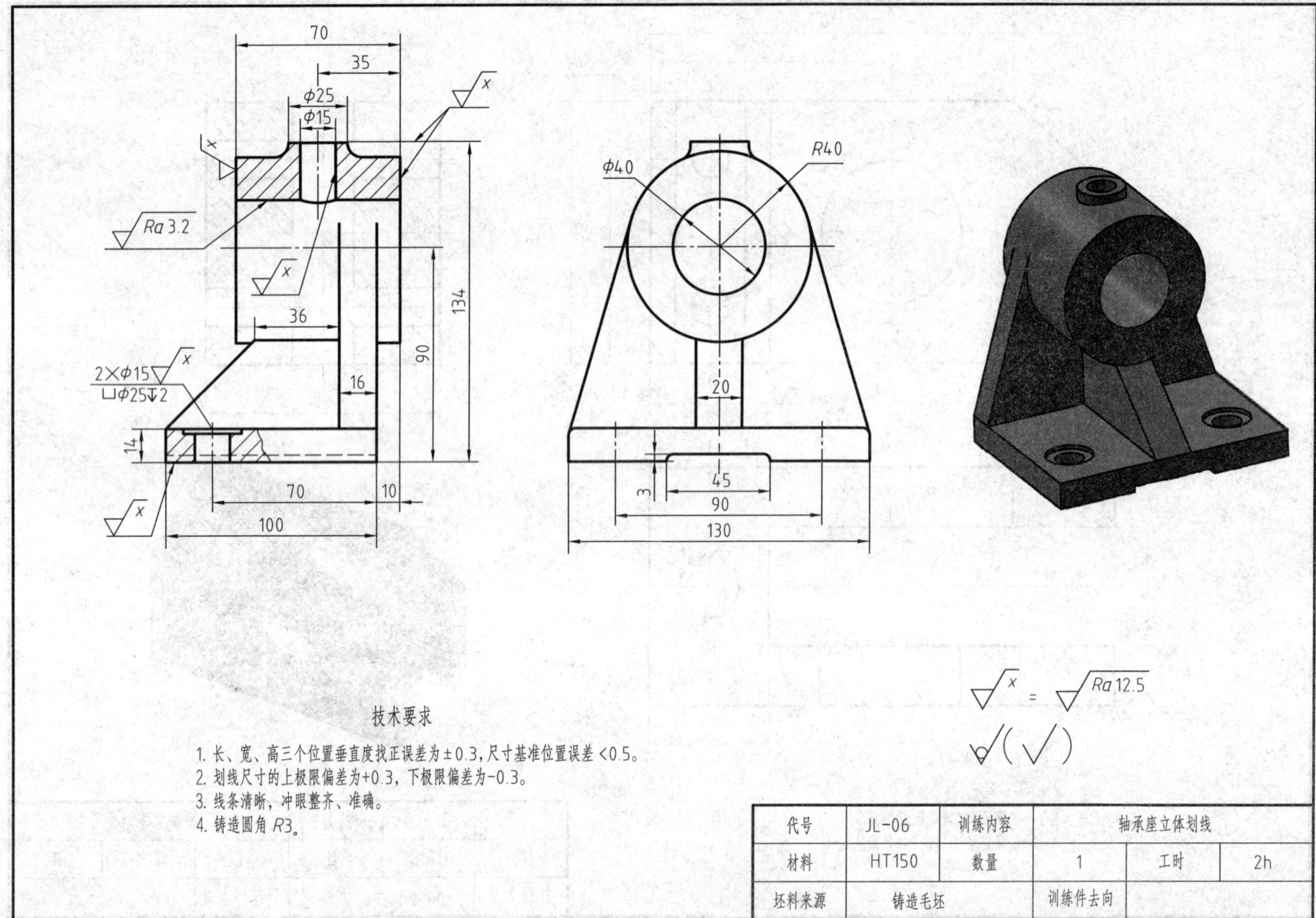

七、錾削四方体

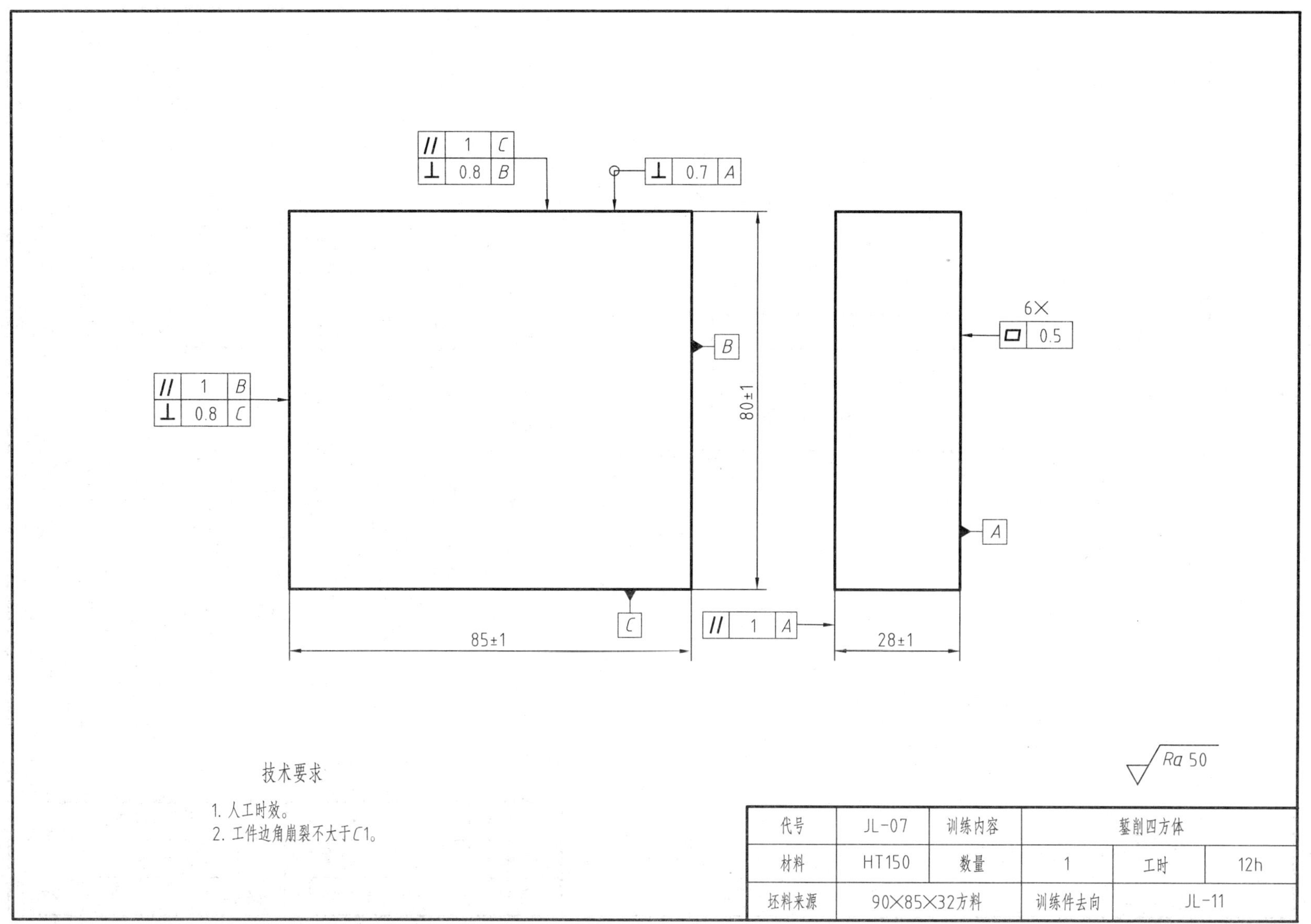

技术要求

1. 人工时效。
2. 工件边角崩裂不大于C1。

代号	JL-07	训练内容	錾削四方体		
材料	HT150	数量	1	工时	12h
坯料来源	90×85×32方料		训练件去向	JL-11	

八、錾削正六方体

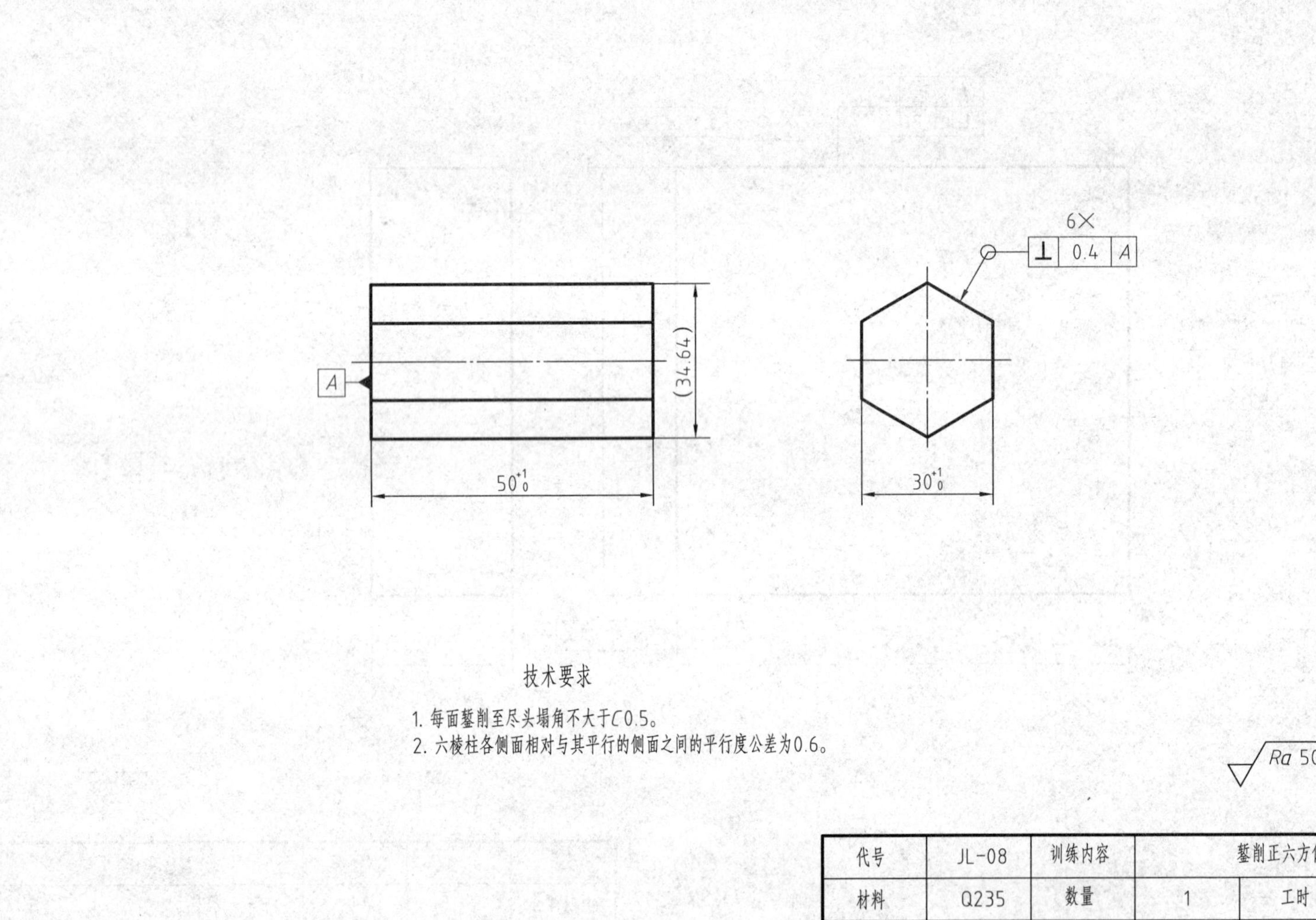

技术要求

1. 每面錾削至尽头塌角不大于C0.5。
2. 六棱柱各侧面相对与其平行的侧面之间的平行度公差为0.6。

代号	JL-08	训练内容	錾削正六方体		
材料	Q235	数量	1	工时	12h
坯料来源	ϕ35×55 棒料		训练件去向	JL-19	

九、錾削直槽

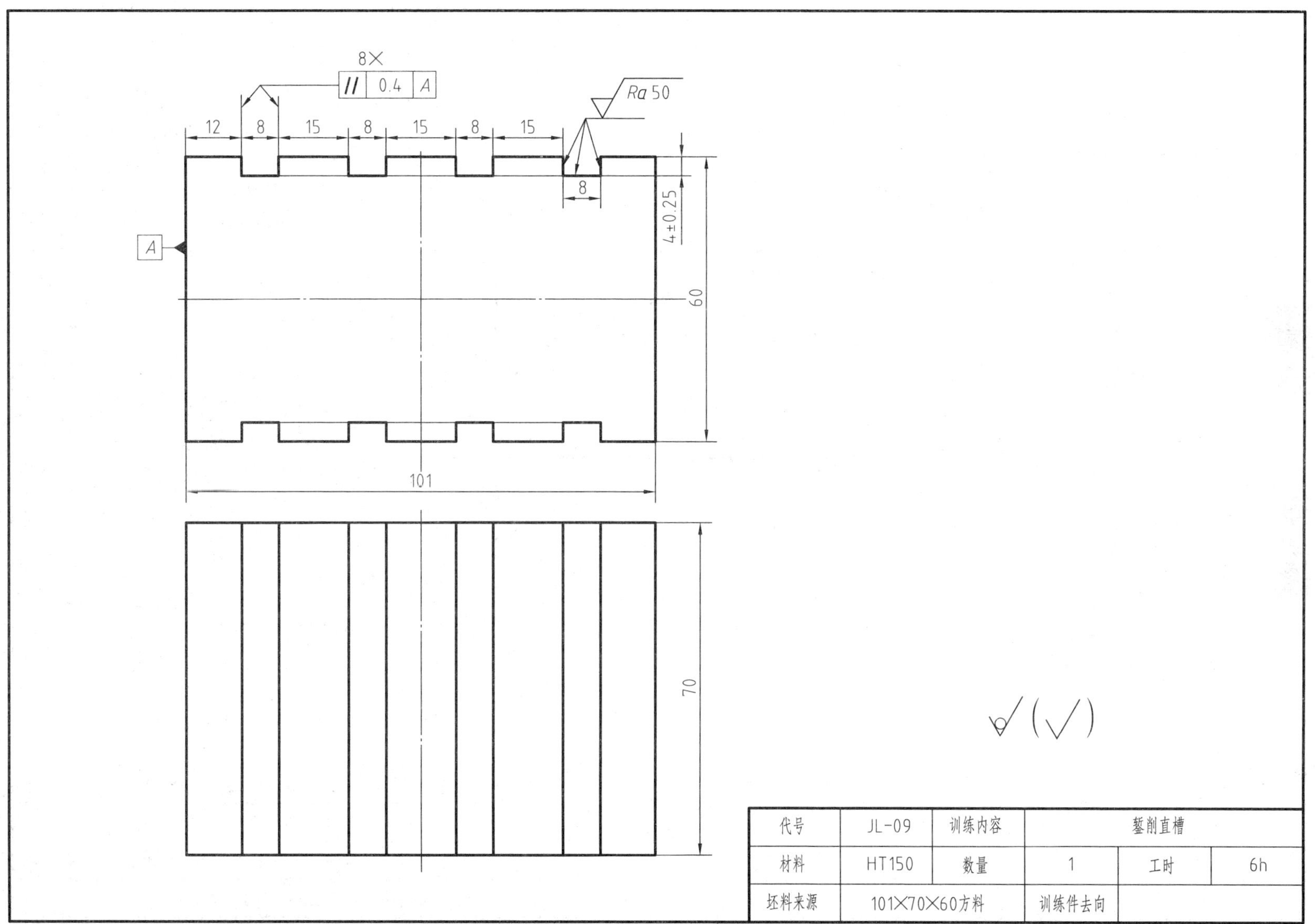

代号	JL-09	训练内容	錾削直槽		
材料	HT150	数量	1	工时	6h
坯料来源	101×70×60方料		训练件去向		

十、錾削凹槽

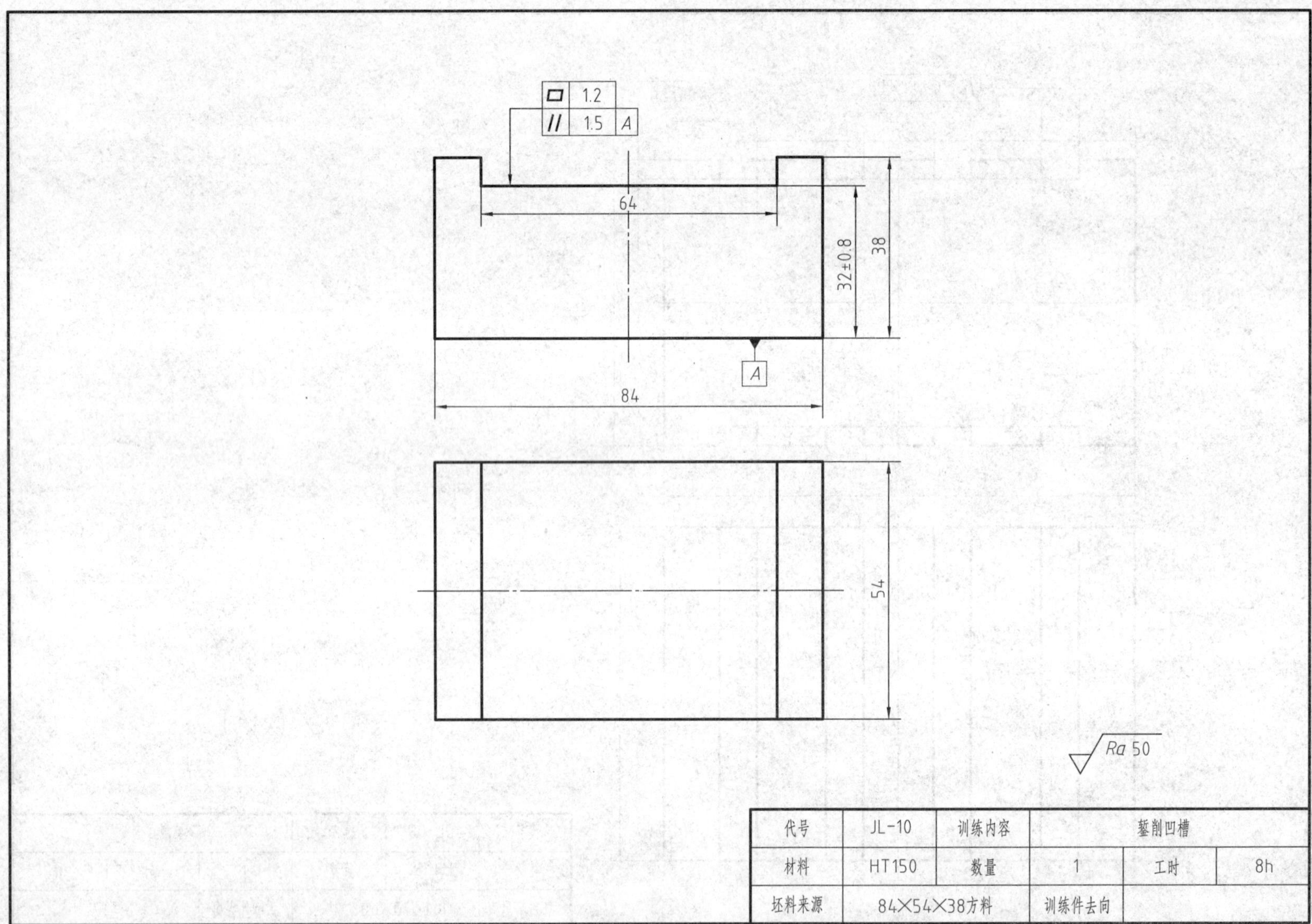

代号	JL-10	训练内容	錾削凹槽		
材料	HT150	数量	1	工时	8h
坯料来源	84×54×38方料		训练件去向		

十一、錾削油槽

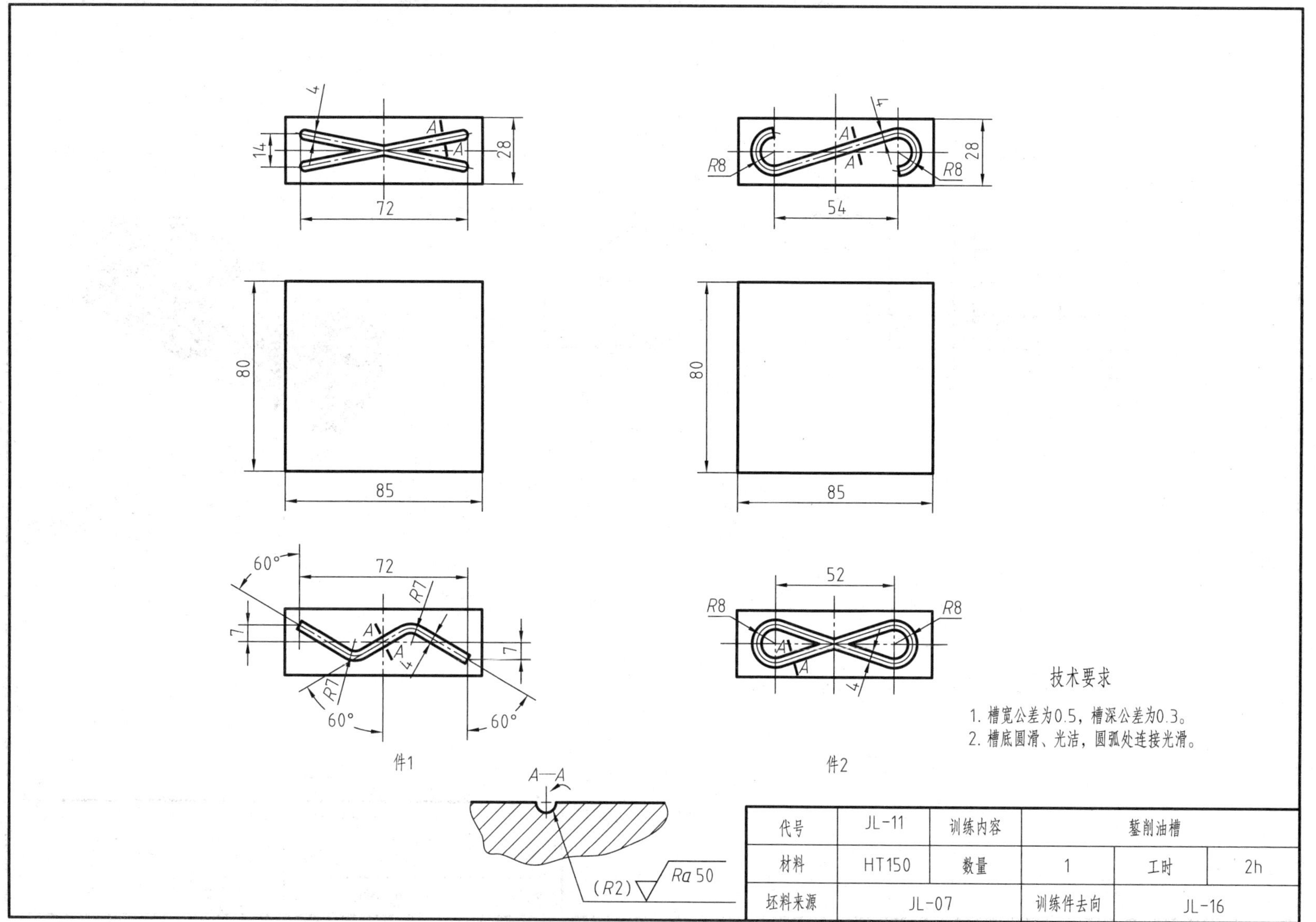

代号	JL-11	训练内容	錾削油槽		
材料	HT150	数量	1	工时	2h
坯料来源	JL-07	训练件去向	JL-16		

十二、锯削正六方体

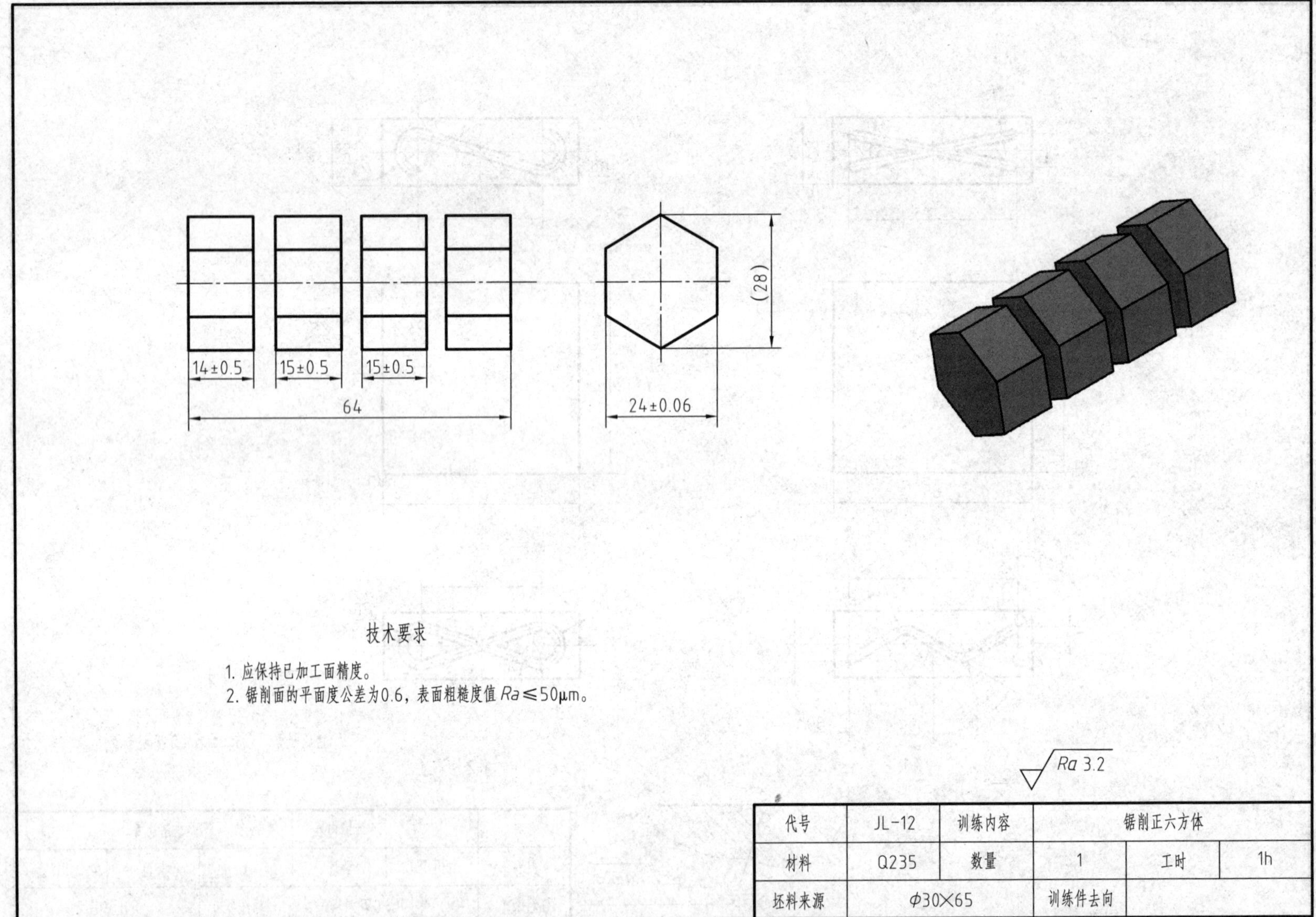

代号	JL-12	训练内容	锯削正六方体		
材料	Q235	数量	1	工时	1h
坯料来源	Φ30×65		训练件去向		

十三、锯削圆钢

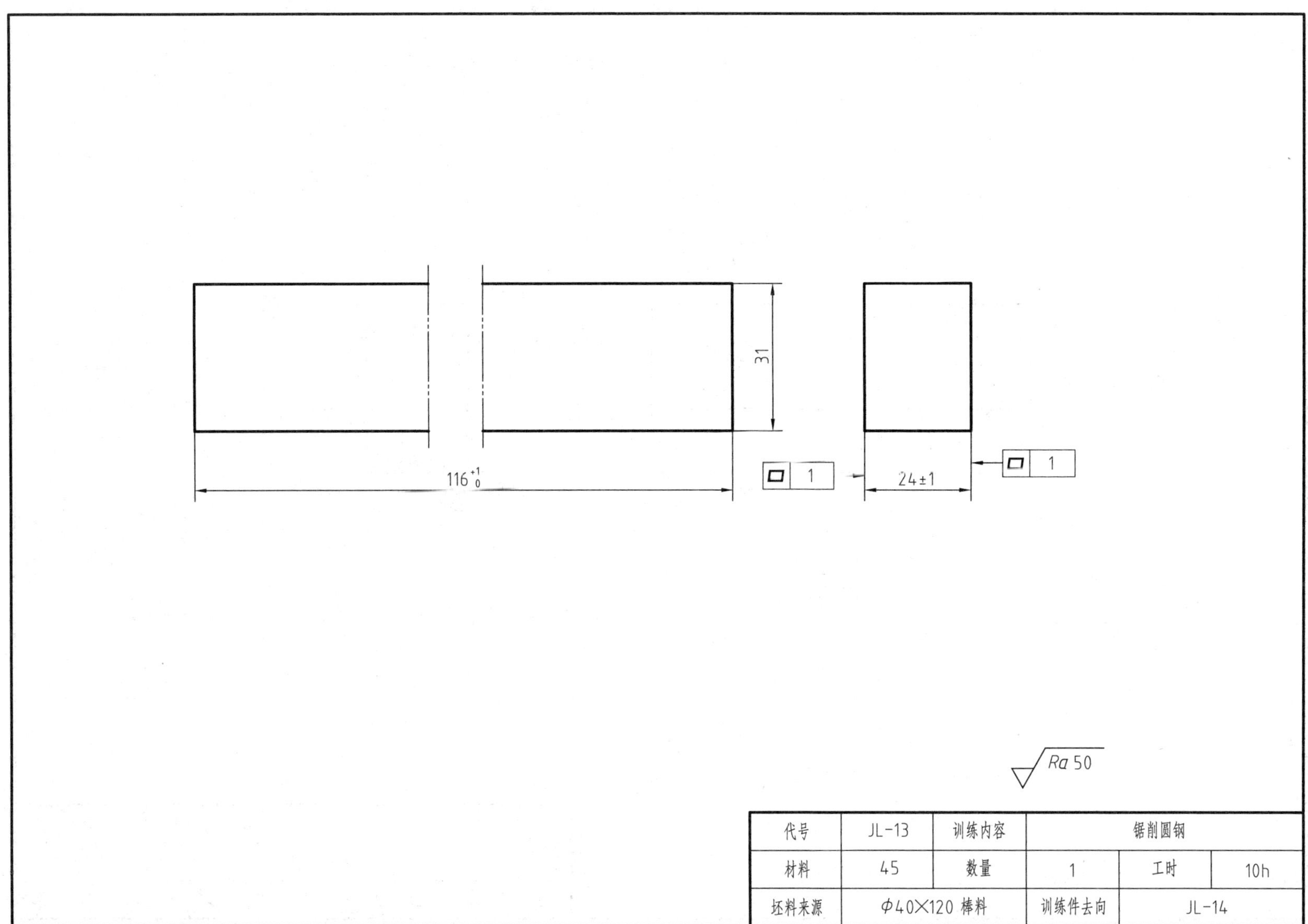

代号	JL-13	训练内容	锯削圆钢		
材料	45	数量	1	工时	10h
坯料来源	Φ40×120 棒料		训练件去向	JL-14	

十四、锯削长方体

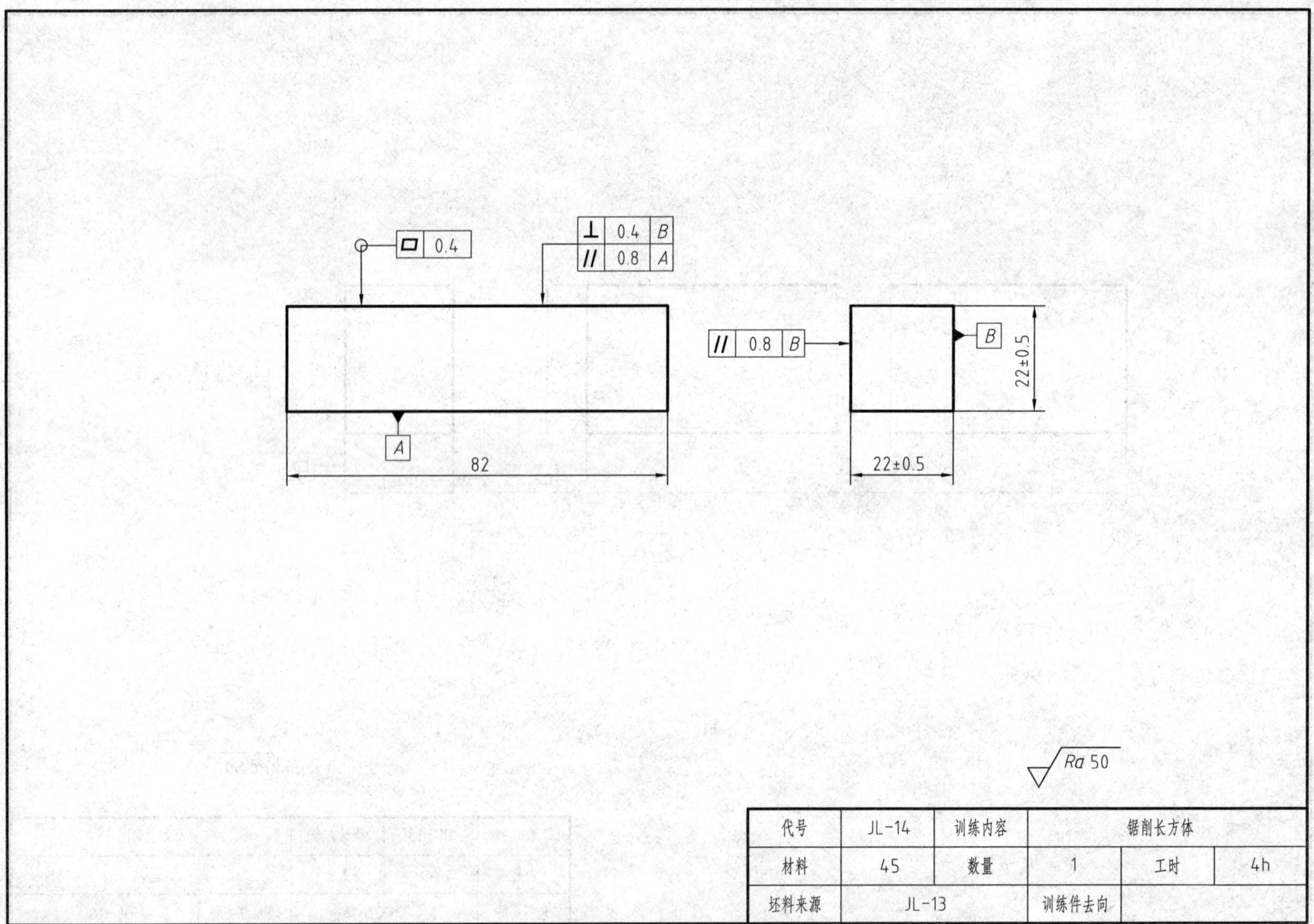

代号	JL-14	训练内容	锯削长方体		
材料	45	数量	1	工时	4h
坯料来源	JL-13		训练件去向		

十五、锯削型材

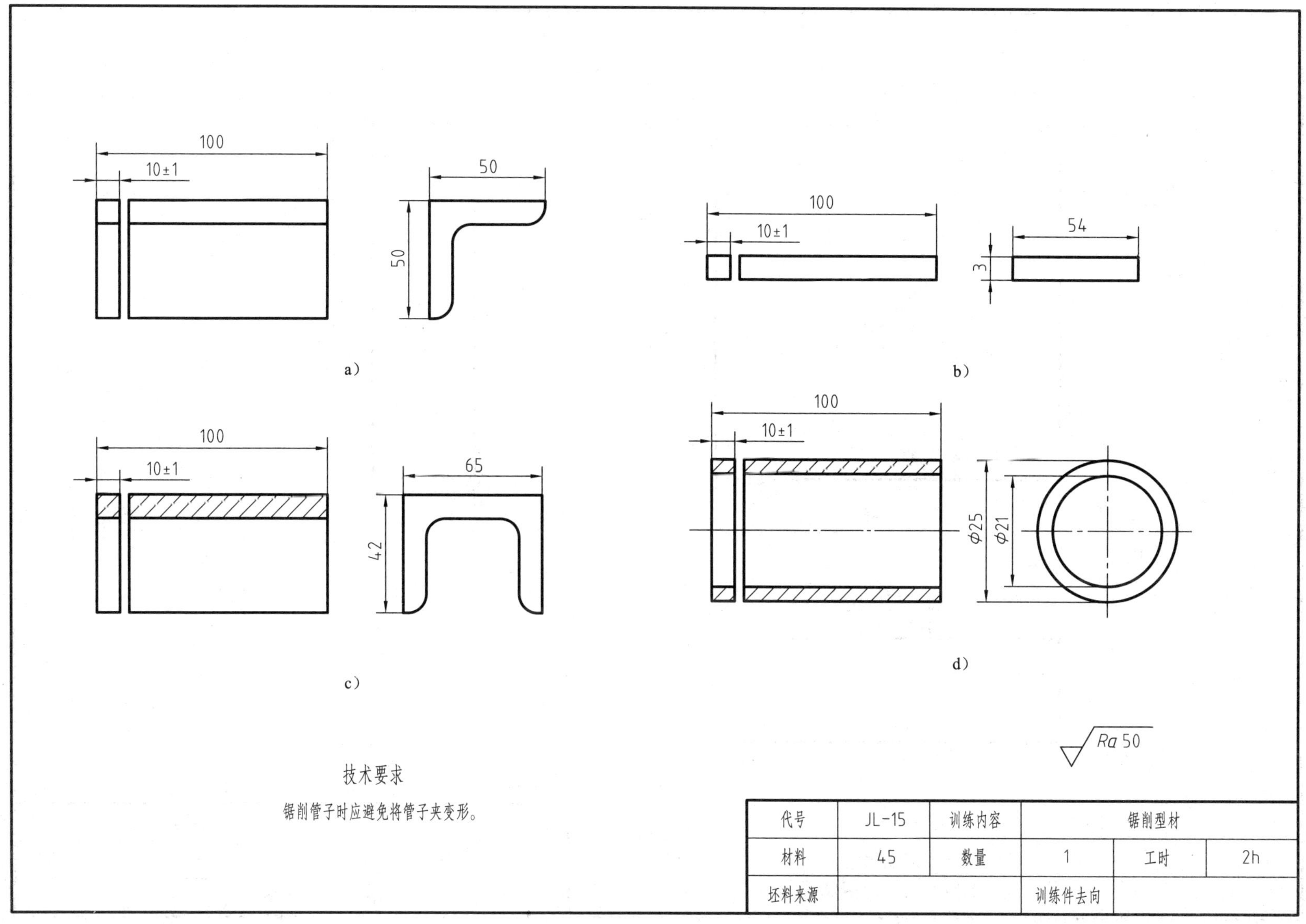

代号	JL-15	训练内容	锯削型材		
材料	45	数量	1	工时	2h
坯料来源		训练件去向			

十六、锉削四方体（一）

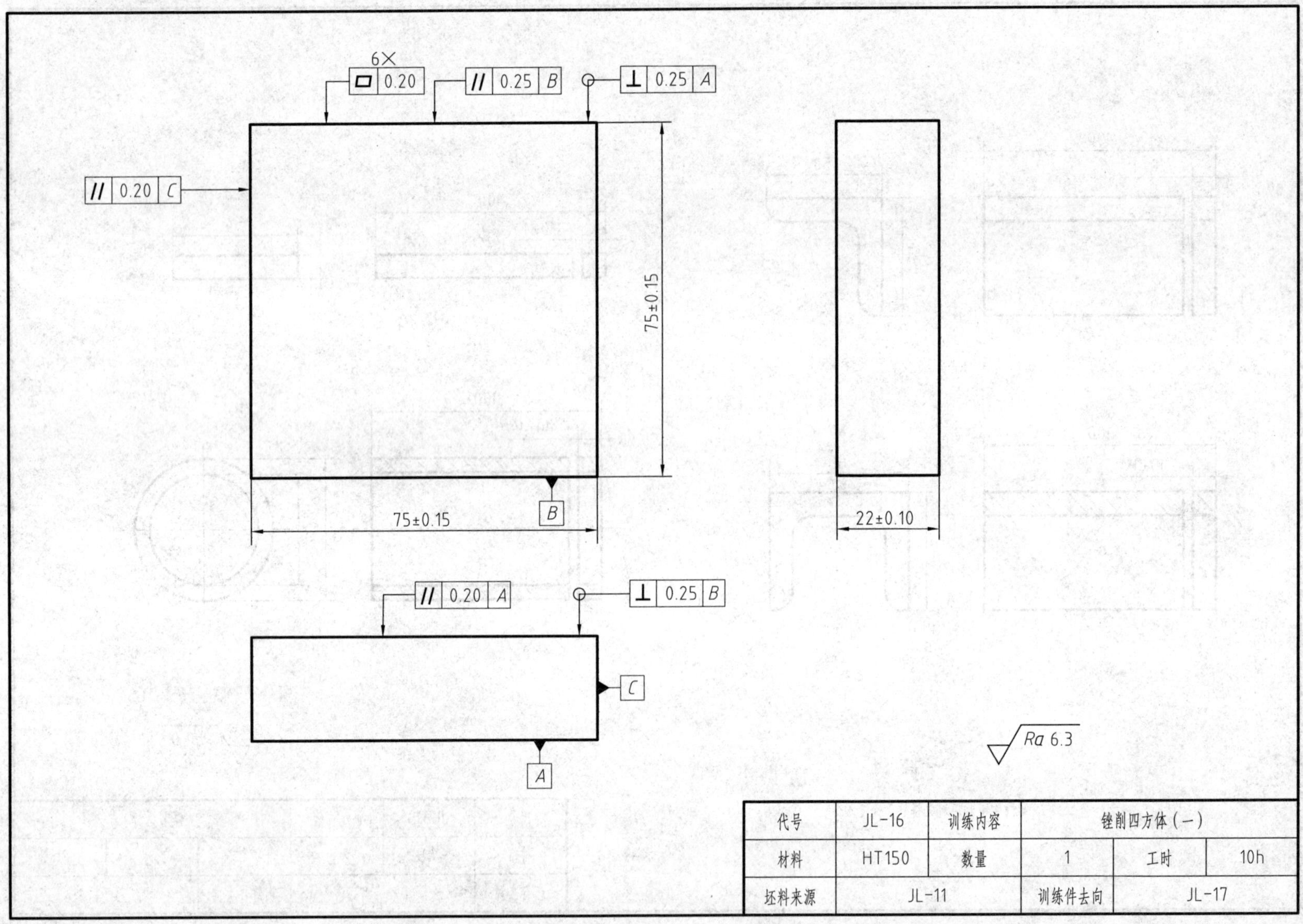

代号	JL-16	训练内容	锉削四方体（一）		
材料	HT150	数量	1	工时	10h
坯料来源	JL-11	训练件去向	JL-17		

十七、锉削长方体

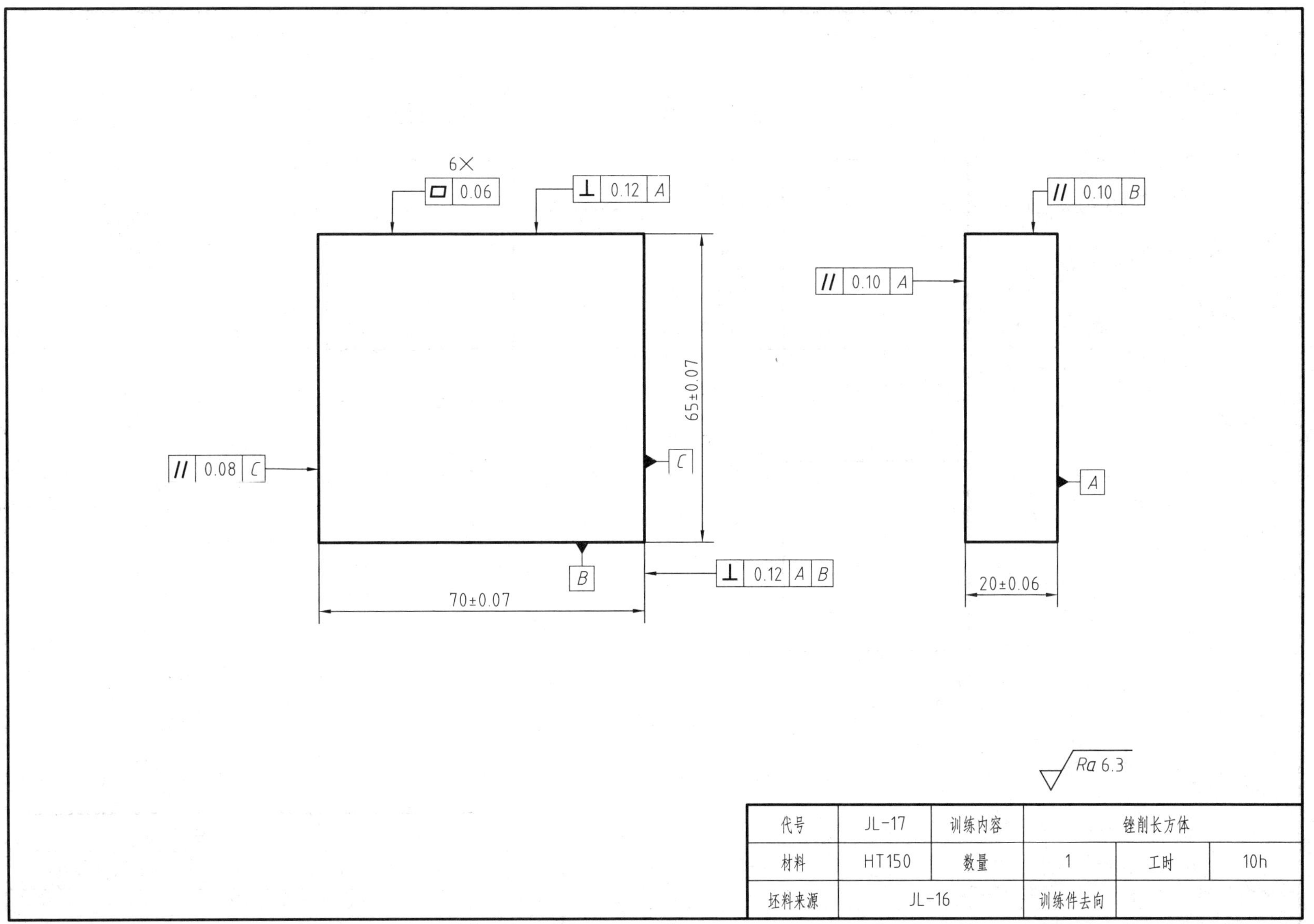

代号	JL-17	训练内容	锉削长方体		
材料	HT150	数量	1	工时	10h
坯料来源	JL-16		训练件去向		

十八、锉削四方体（二）

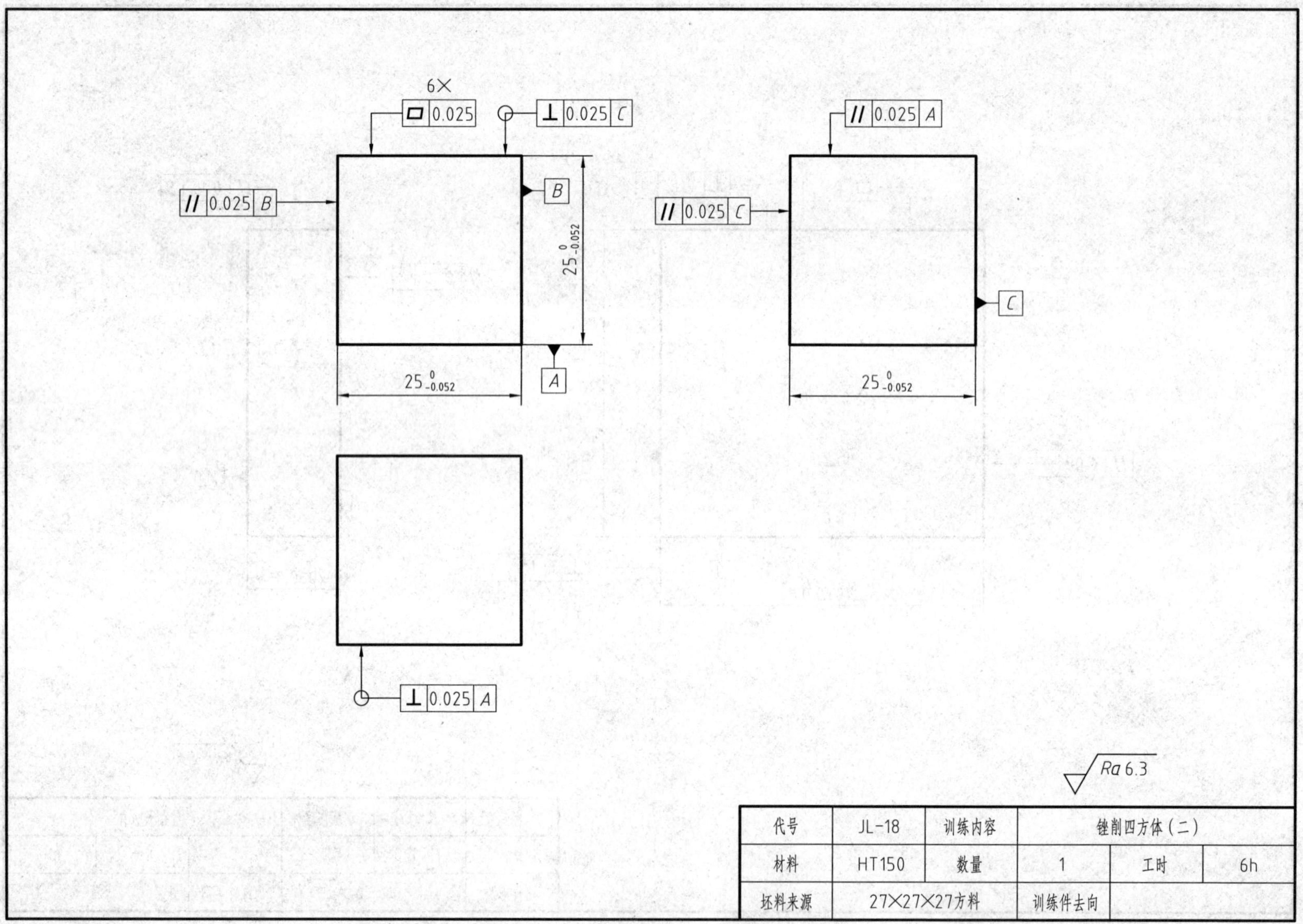

代号	JL-18	训练内容	锉削四方体（二）		
材料	HT150	数量	1	工时	6h
坯料来源	27×27×27方料		训练件去向		

十九、锉削正六方体

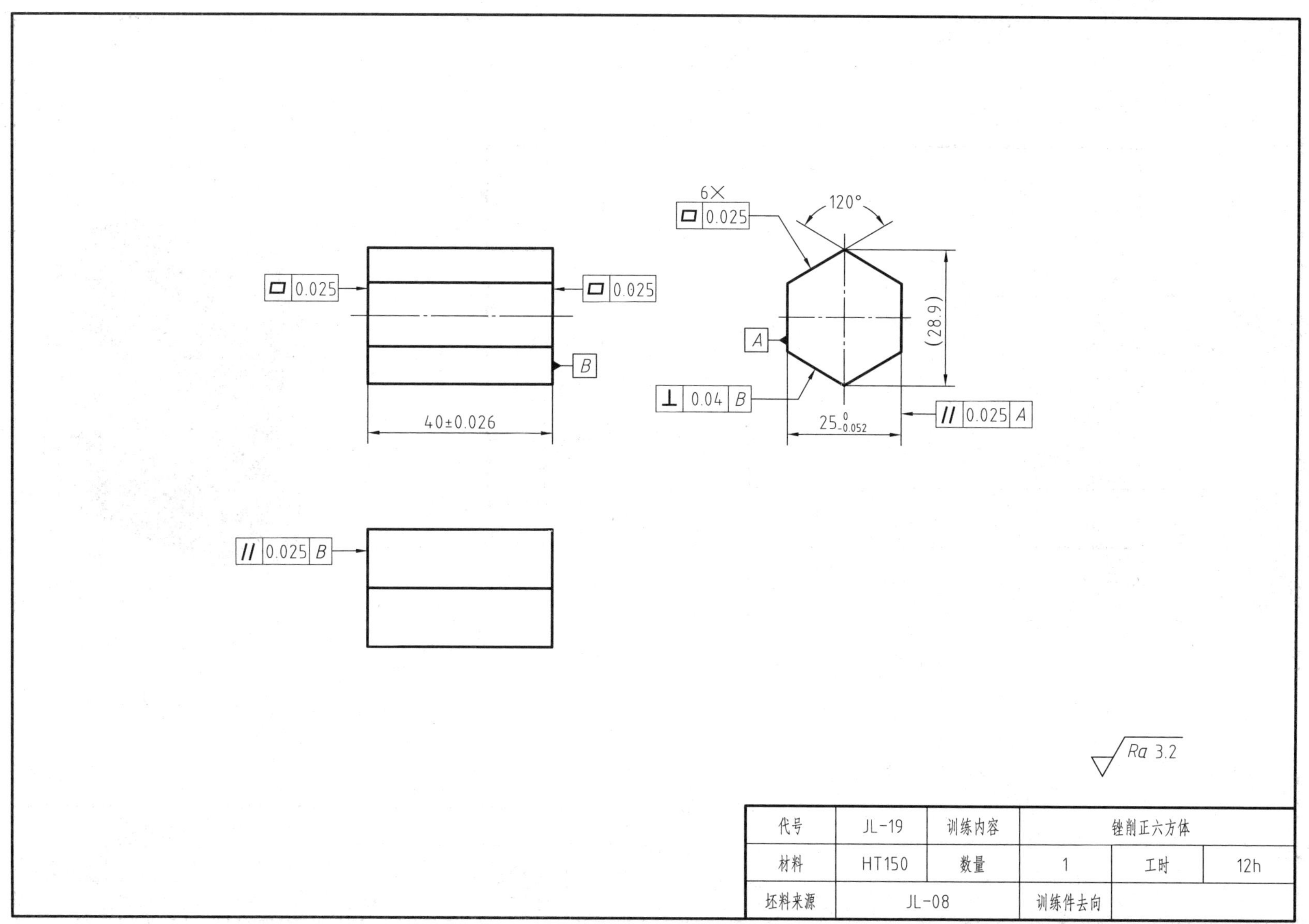

代号	JL-19	训练内容	锉削正六方体		
材料	HT150	数量	1	工时	12h
坯料来源	JL-08		训练件去向		

二十、锉削曲面

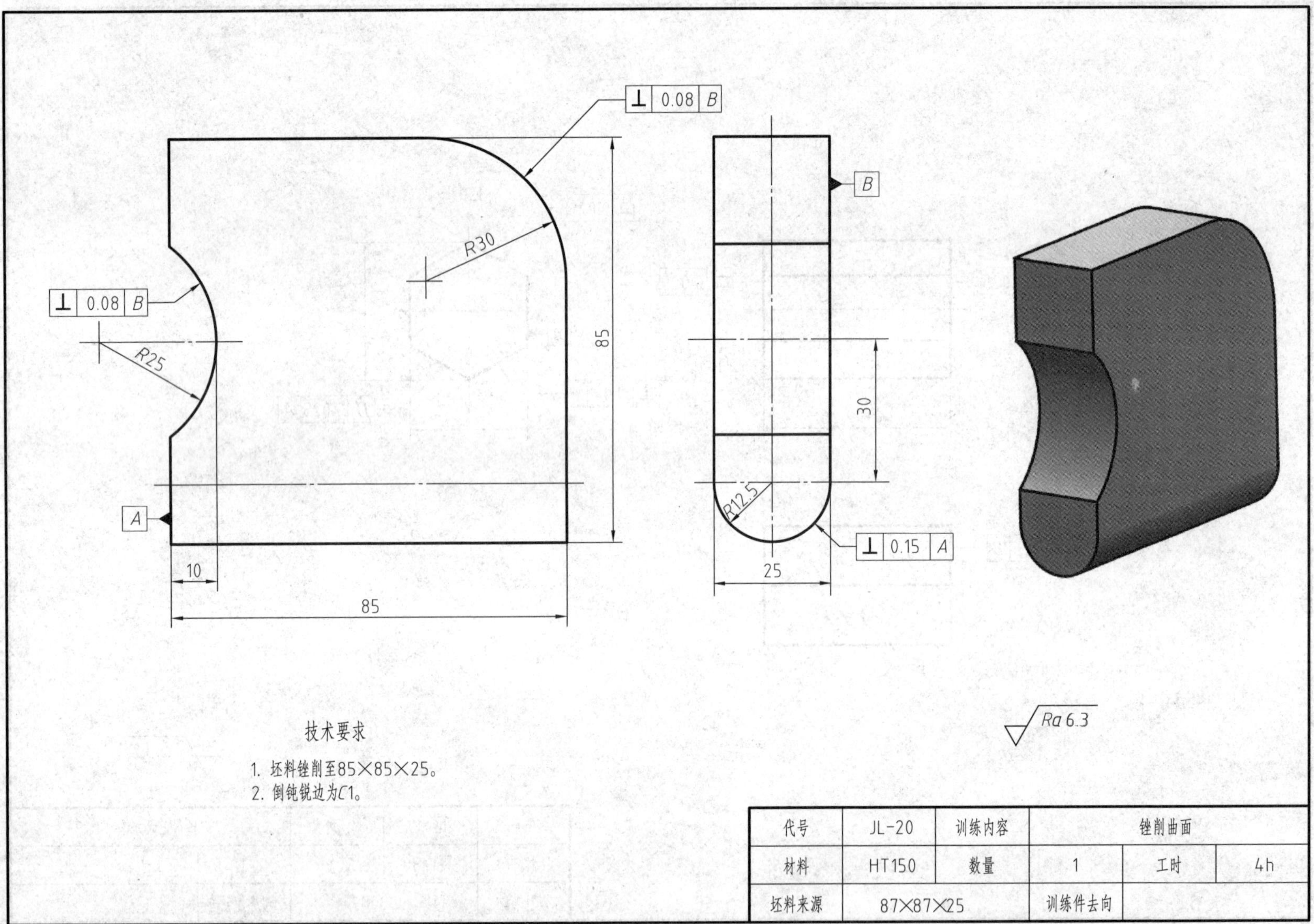

技术要求

1. 坯料锉削至85×85×25。
2. 倒钝锐边为C1。

代号	JL-20	训练内容	锉削曲面		
材料	HT150	数量	1	工时	4h
坯料来源	87×87×25		训练件去向		

二十一、锉削曲面体

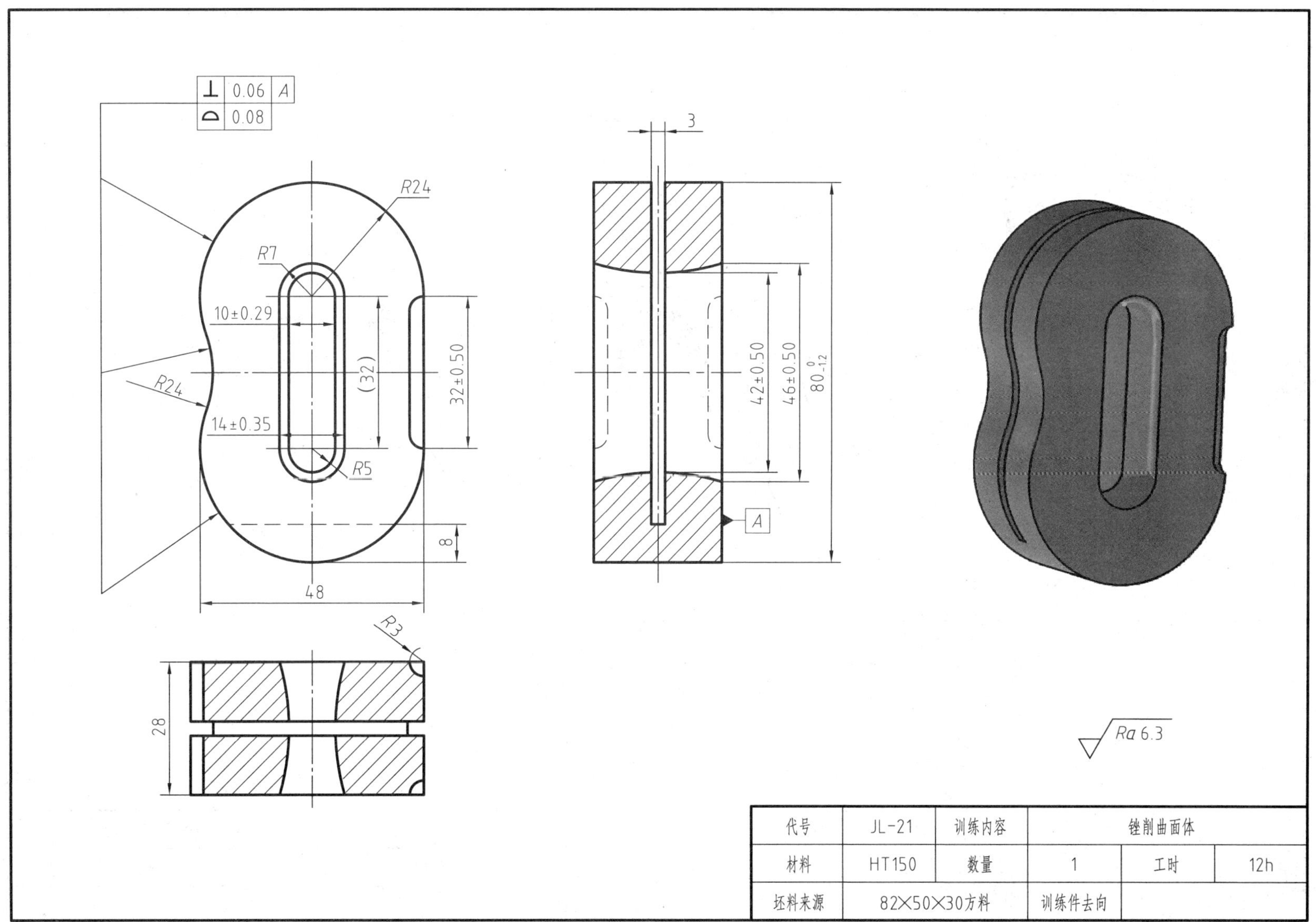

代号	JL-21	训练内容	锉削曲面体		
材料	HT150	数量	1	工时	12h
坯料来源	82×50×30方料	训练件去向			

二十二、刃磨普通麻花钻

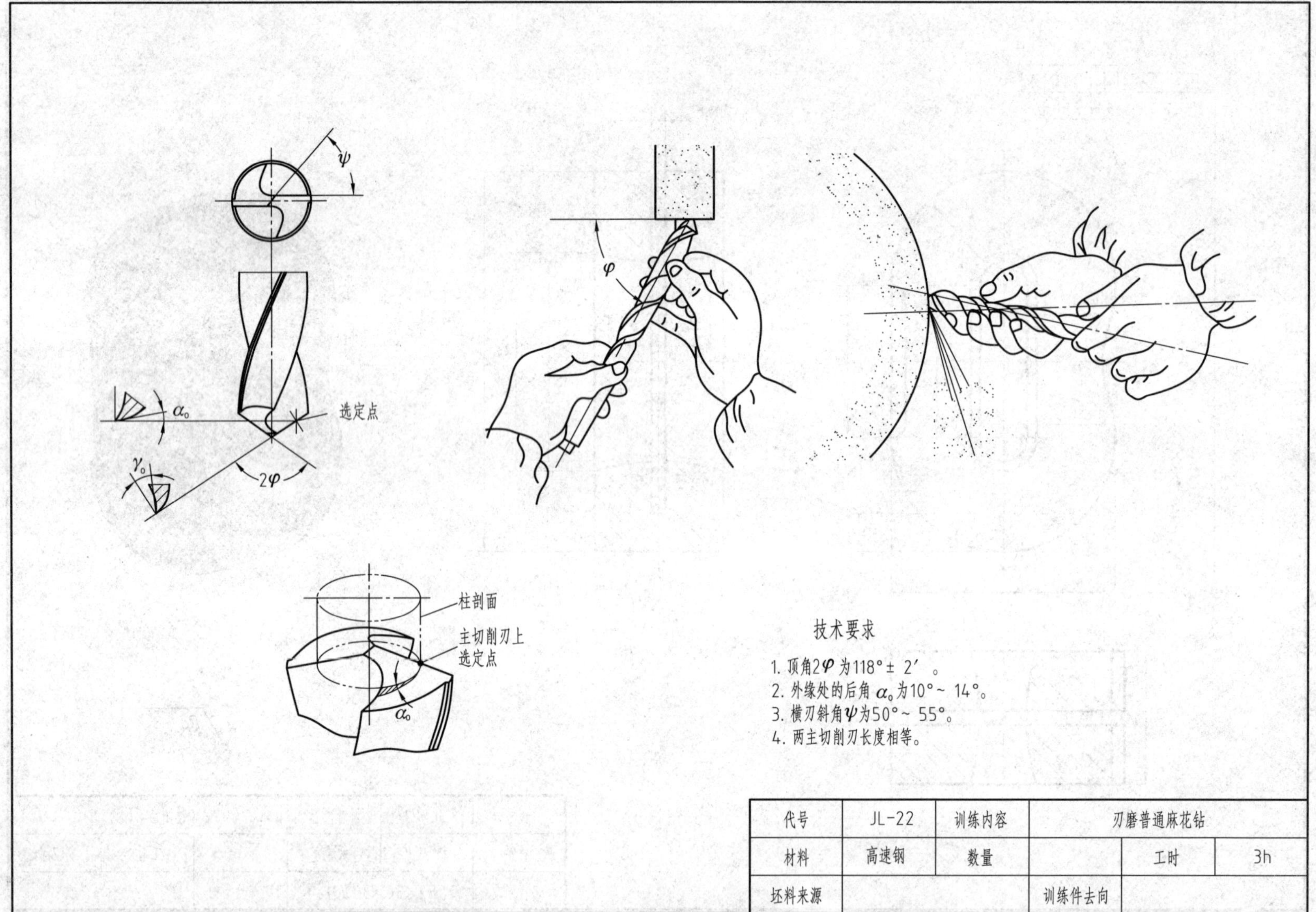

技术要求

1. 顶角2φ为118°± 2′。
2. 外缘处的后角α_o为10°~ 14°。
3. 横刃斜角ψ为50°~ 55°。
4. 两主切削刃长度相等。

代号	JL-22	训练内容	刃磨普通麻花钻		
材料	高速钢	数量		工时	3h
坯料来源			训练件去向		

二十三、钻孔

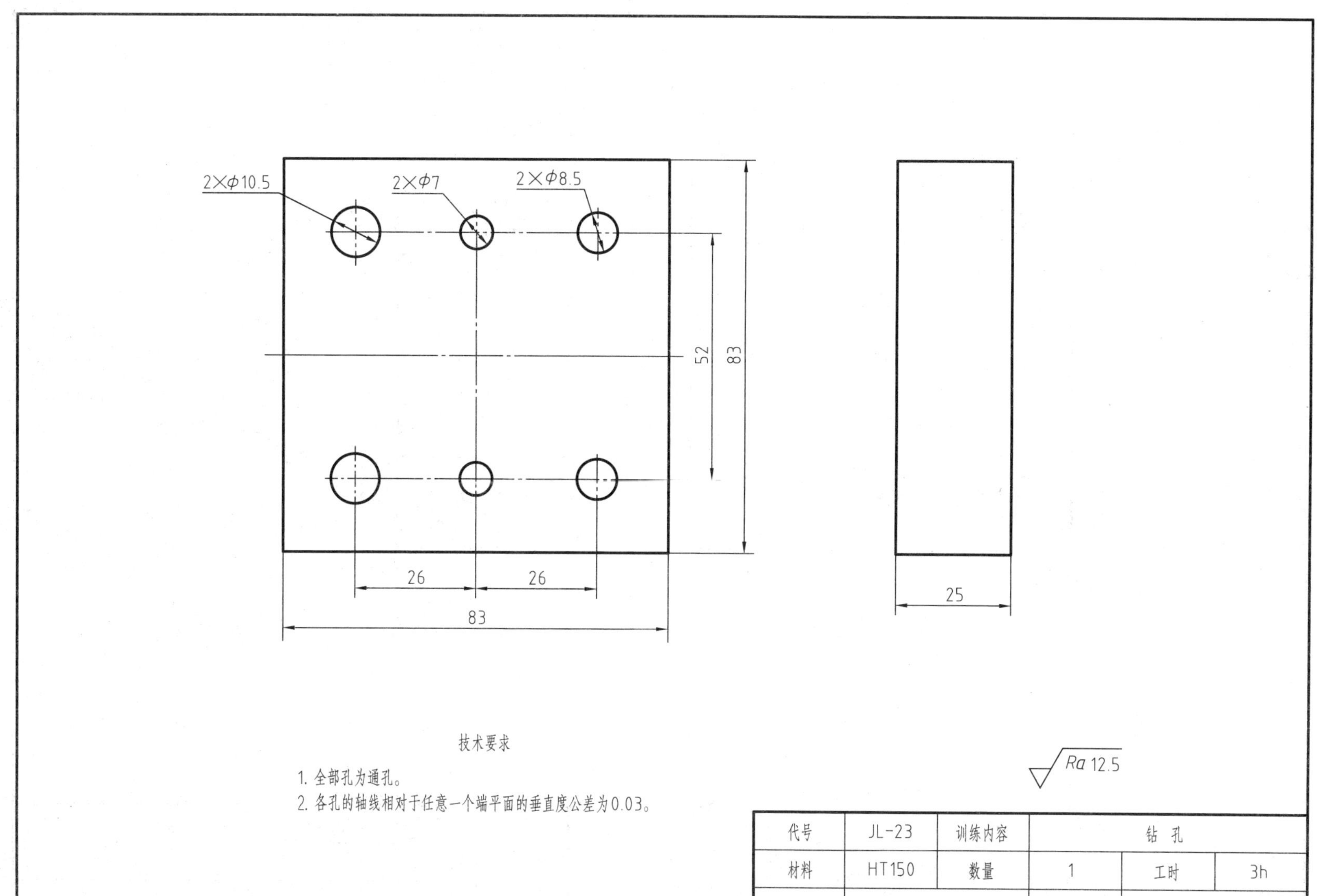

技术要求

1. 全部孔为通孔。
2. 各孔的轴线相对于任意一个端平面的垂直度公差为0.03。

代号	JL-23	训练内容	钻 孔		
材料	HT150	数量	1	工时	3h
坯料来源	83×83×25板料		训练件去向	JL-24	

二十四、锪孔

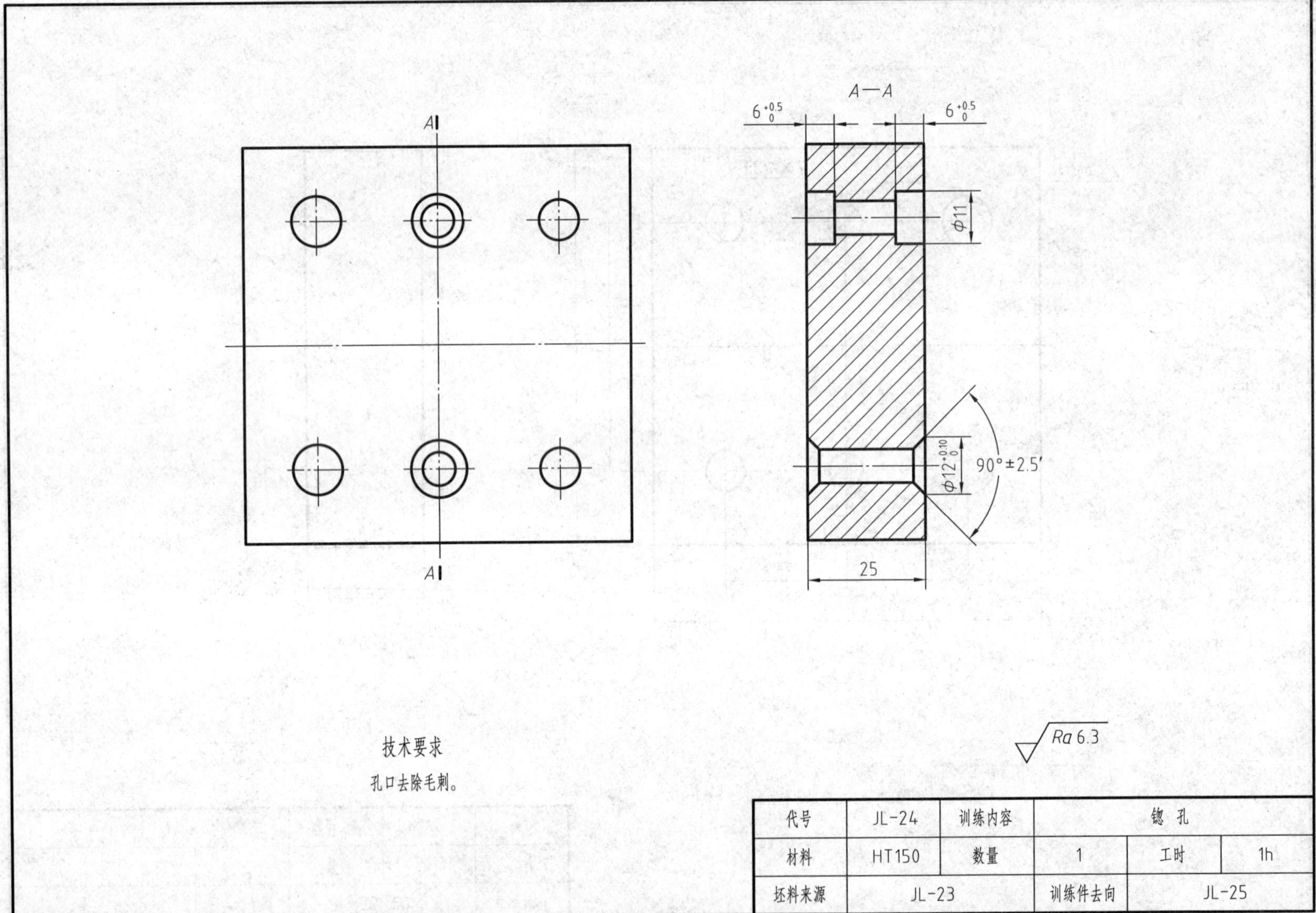

代号	JL-24	训练内容	锪 孔		
材料	HT150	数量	1	工时	1h
坯料来源	JL-23		训练件去向	JL-25	

二十五、铰孔

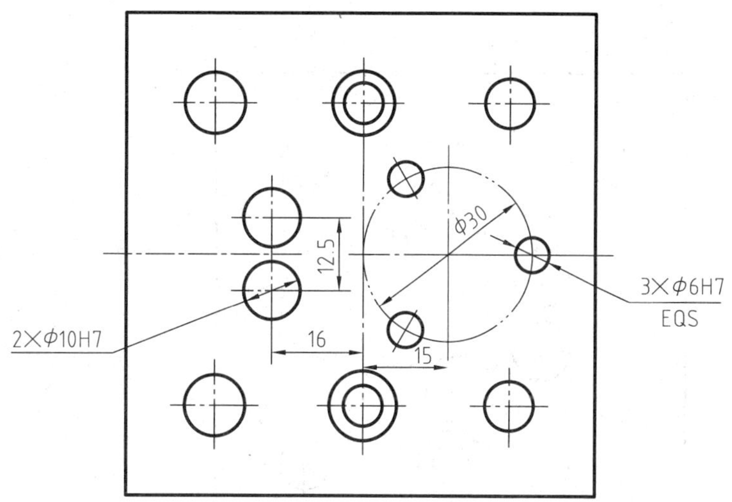

技术要求

1. 全部孔为通孔。
2. 3×Φ6H7孔的轴线相对于任意一个端平面的垂直度公差为0.02。
3. 2×Φ10H7孔的轴线相对于任意一个端平面的垂直度公差为0.03。

Ra 1.6

代号	JL-25	训练内容	铰 孔		
材料	HT150	数量	1	工时	1h
坯料来源	JL-24		训练件去向	JL-26	

二十六、攻螺纹

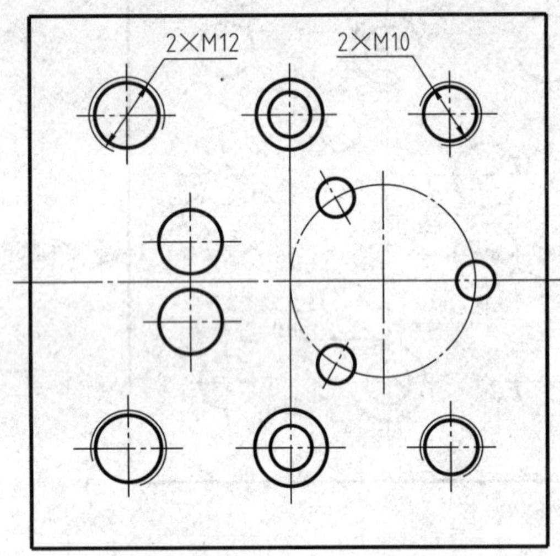

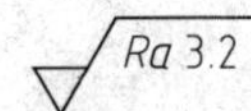

技术要求

螺纹不应有乱牙、滑牙。

代号	JL-26	训练内容	攻螺纹		
材料	HT150	数量	1	工时	1h
坯料来源	JL-25		训练件去向		

二十七、套螺纹

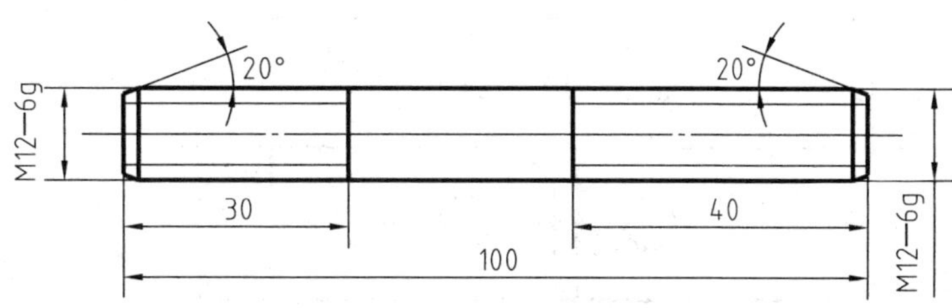

$\sqrt{Ra\ 3.2}$

技术要求

1. 螺纹不应有乱牙、滑牙。
2. 两端M12螺纹中径圆柱面的轴线相对于螺杆圆柱部分轴线的倾斜度误差不大于1°。

代号	JL-27	训练内容	套螺纹		
材料	Q235	数量	1	工时	1h
坯料来源	φ12×105棒料		训练件去向		

二十八、铆接单盖板

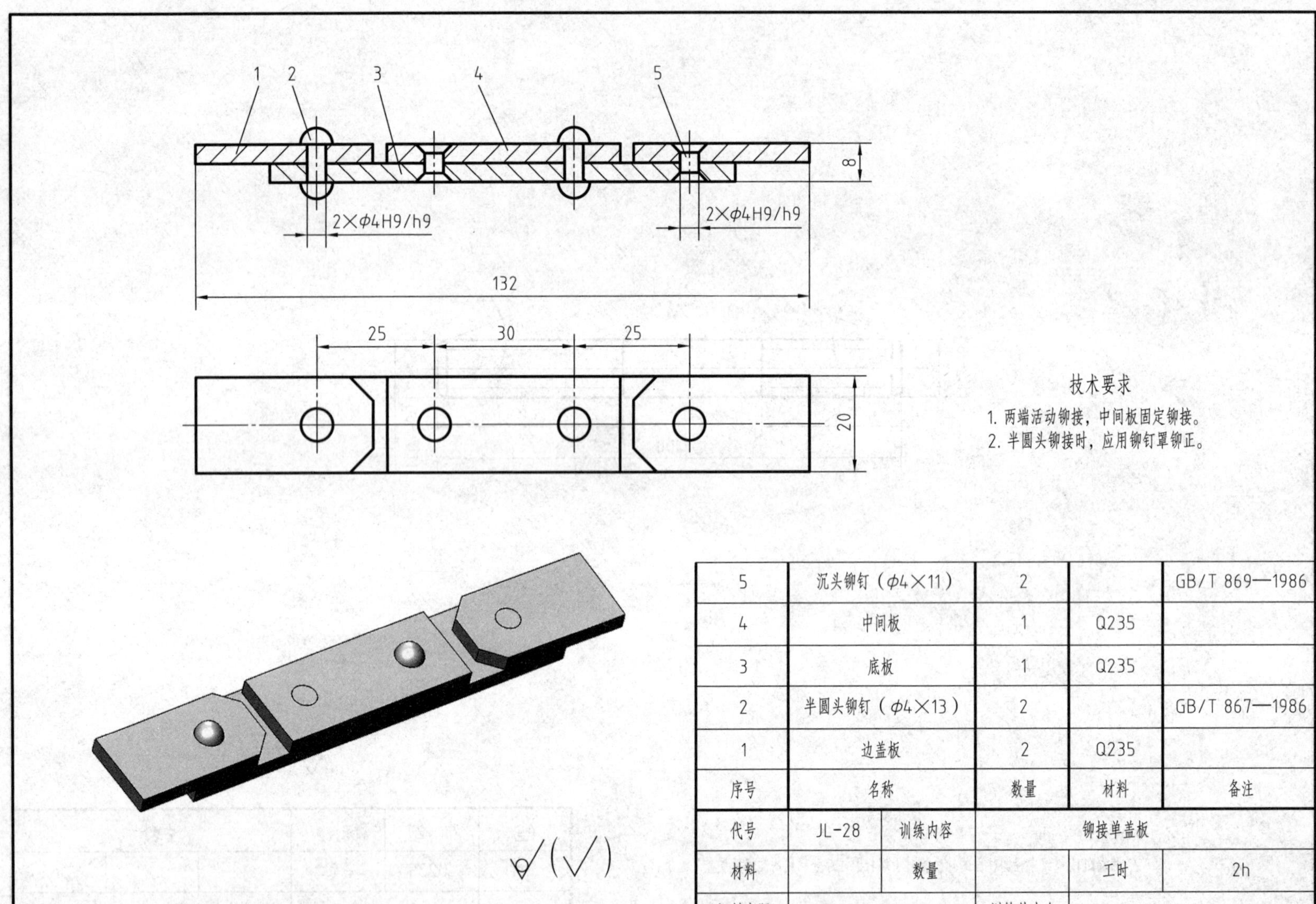

5	沉头铆钉（ϕ4×11）	2		GB/T 869—1986
4	中间板	1	Q235	
3	底板	1	Q235	
2	半圆头铆钉（ϕ4×13）	2		GB/T 867—1986
1	边盖板	2	Q235	
序号	名称	数量	材料	备注

代号	JL-28	训练内容	铆接单盖板		
材料		数量		工时	2h
坯料来源			训练件去向		

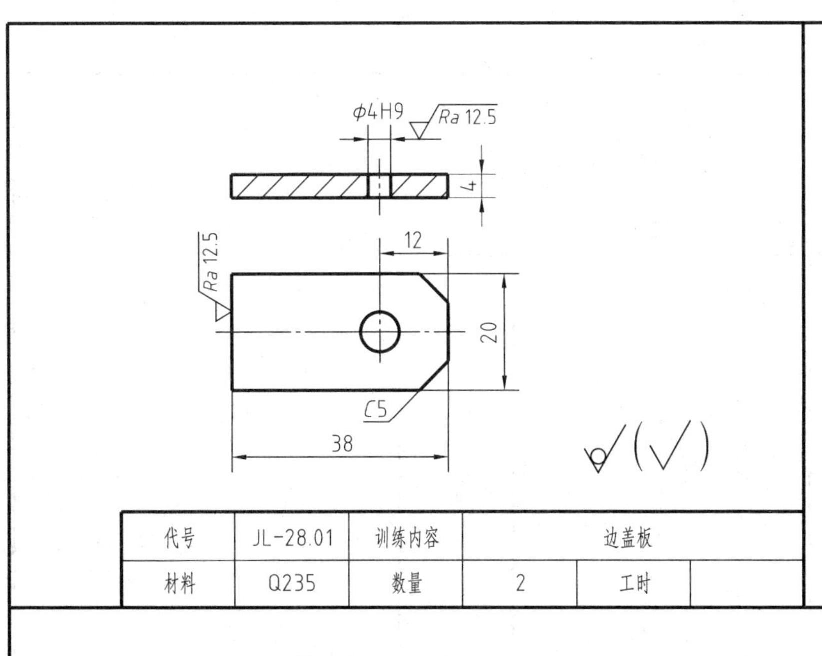

代号	JL-28.01	训练内容	边盖板		
材料	Q235	数量	2	工时	

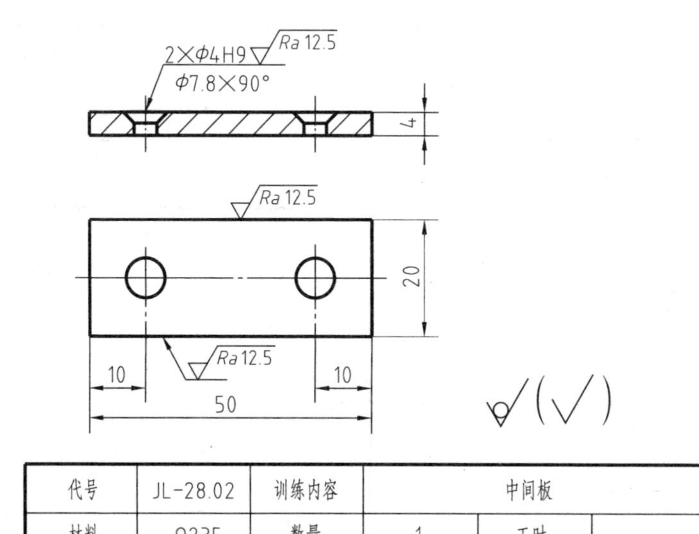

代号	JL-28.02	训练内容	中间板		
材料	Q235	数量	1	工时	

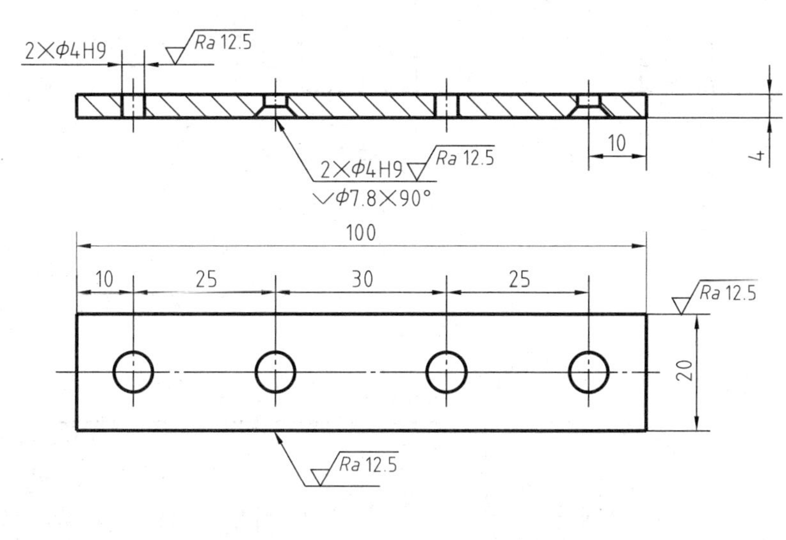

代号	JL-28.03	训练内容	底板		
材料	Q235	数量	1	工时	

二十九、刮削小平板

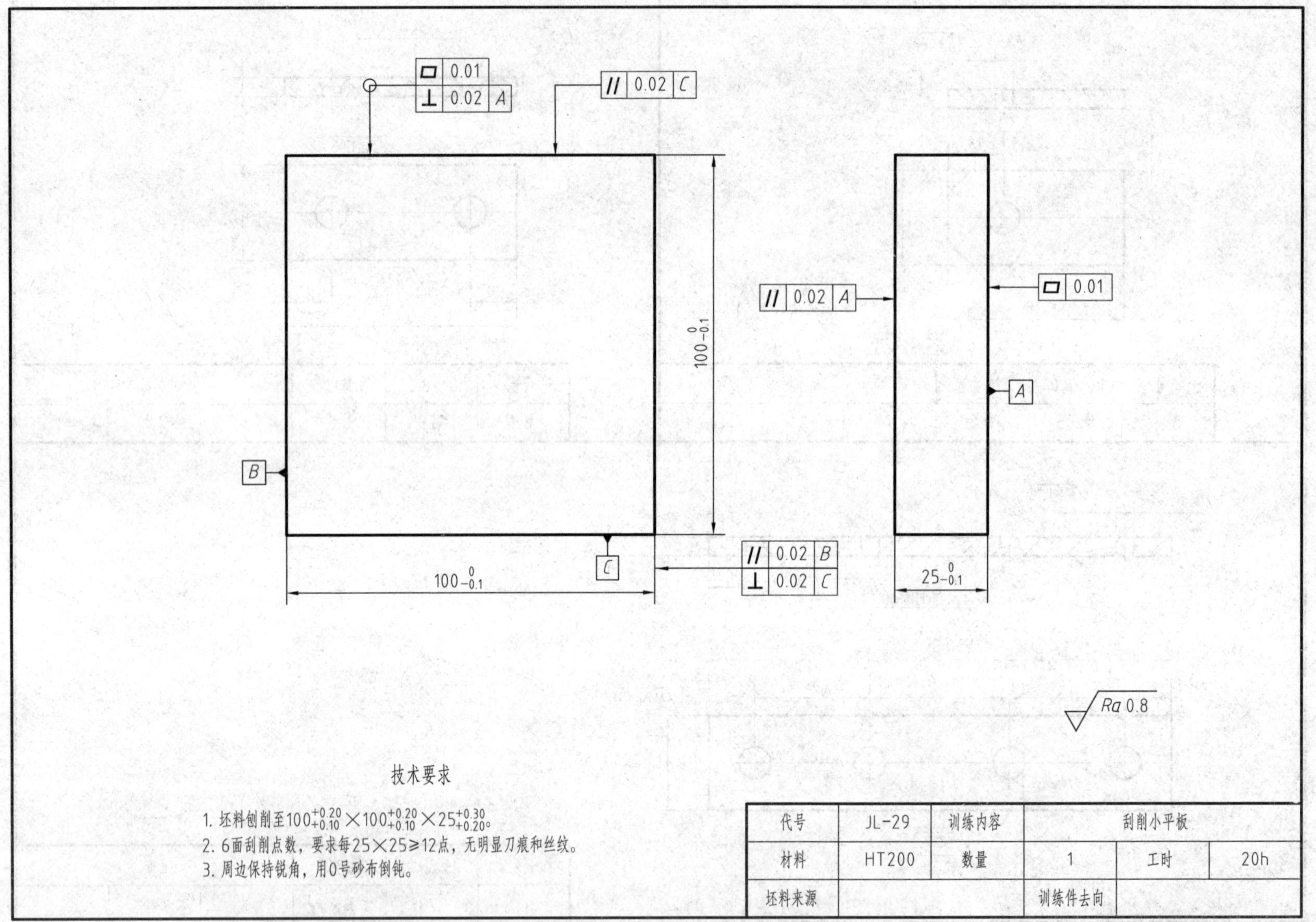

技术要求

1. 坯料刨削至$100_{+0.10}^{+0.20}\times100_{+0.10}^{+0.20}\times25_{+0.20}^{+0.30}$。
2. 6面刮削点数，要求每25×25≥12点，无明显刀痕和丝纹。
3. 周边保持锐角，用0号砂布倒钝。

代号	JL-29	训练内容	刮削小平板		
材料	HT200	数量	1	工时	20h
坯料来源			训练件去向		

三十、刮削 V 形架

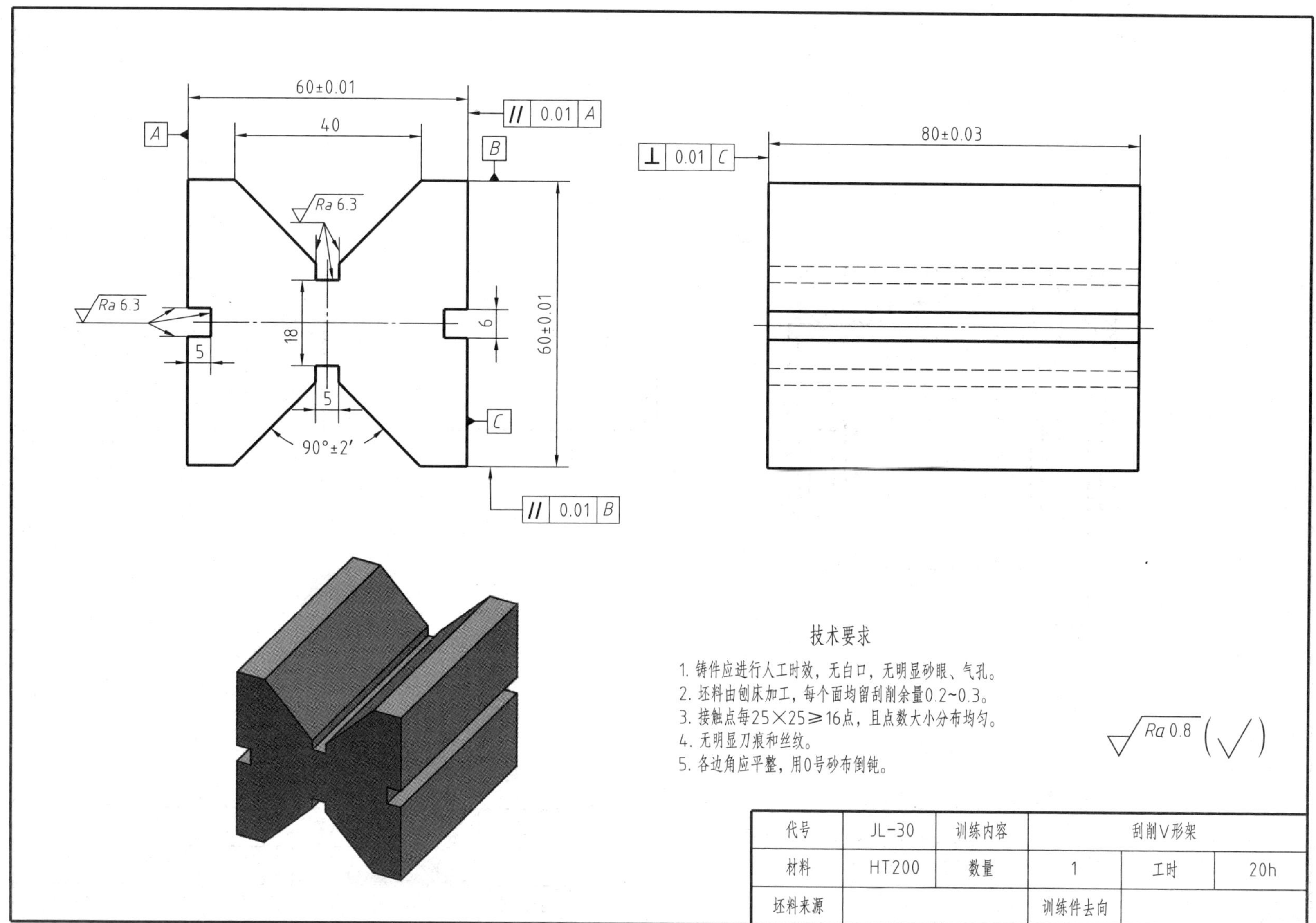

代号	JL-30	训练内容	刮削V形架		
材料	HT200	数量	1	工时	20h
坯料来源			训练件去向		

三十一、刮削轴瓦

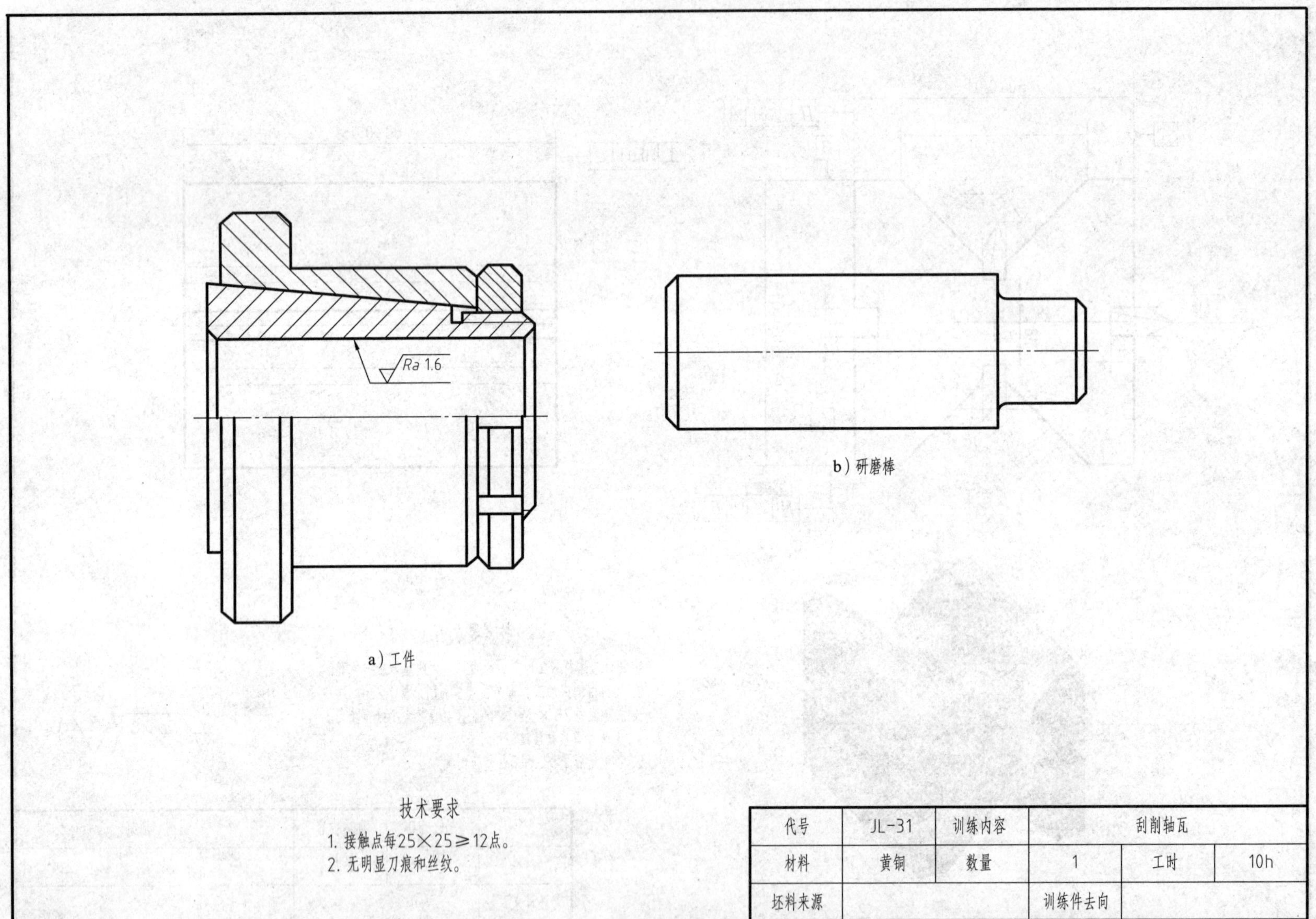

a）工件

b）研磨棒

技术要求

1. 接触点每25×25≥12点。
2. 无明显刀痕和丝纹。

代号	JL-31	训练内容	刮削轴瓦		
材料	黄铜	数量	1	工时	10h
坯料来源			训练件去向		

三十二、研磨量块

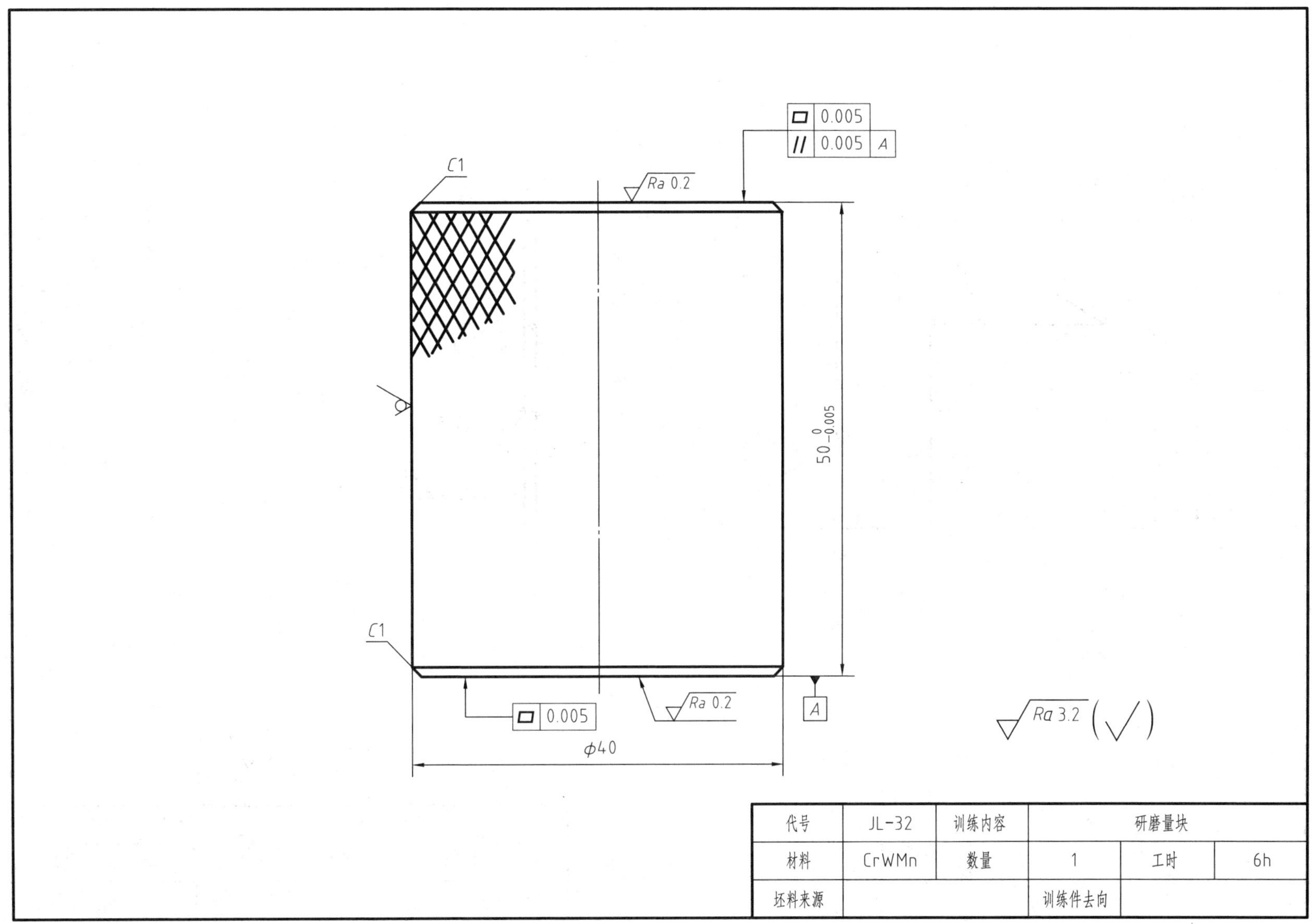

代号	JL-32	训练内容	研磨量块		
材料	CrWMn	数量	1	工时	6h
坯料来源		训练件去向			

三十三、研磨角度样板

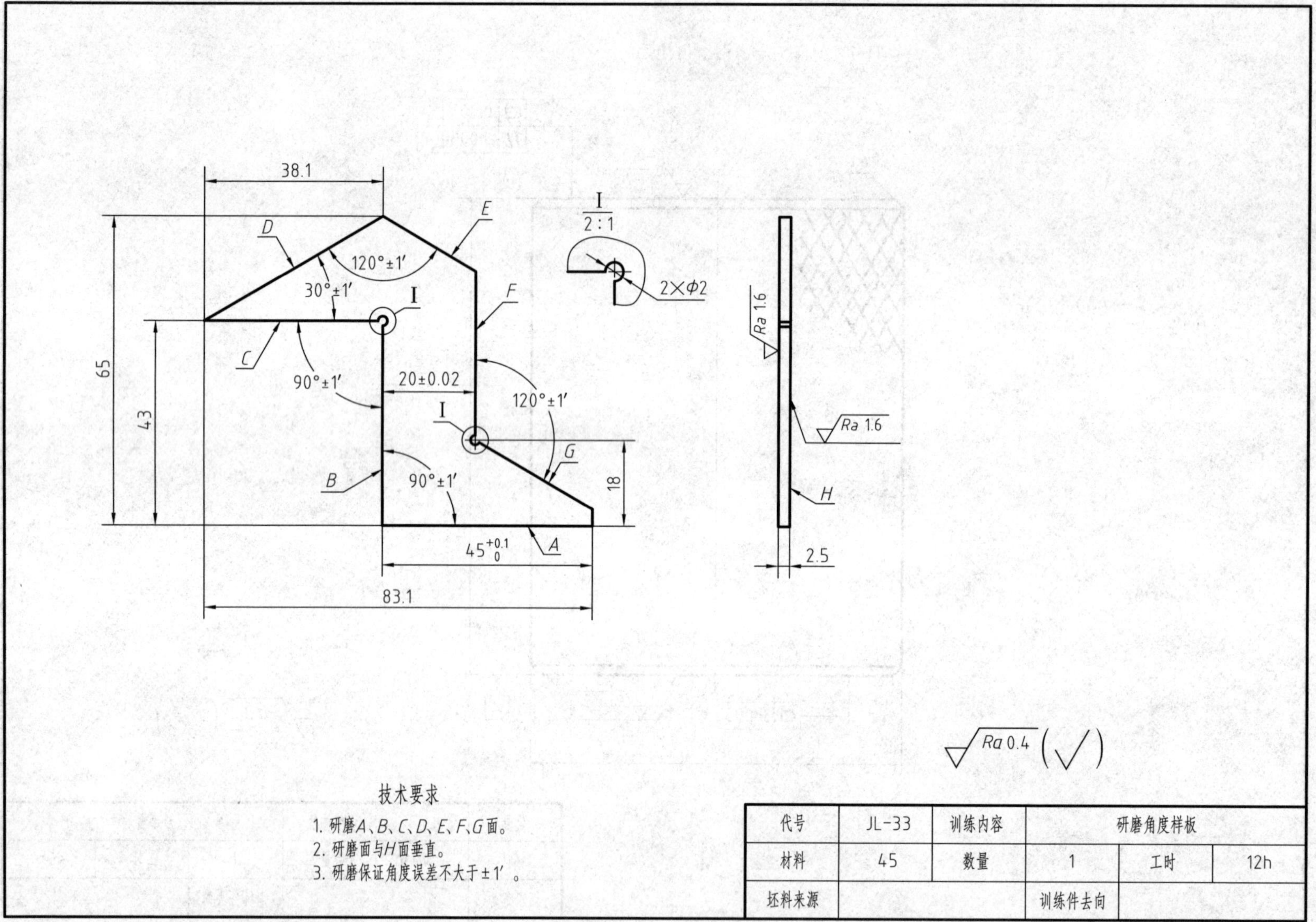

技术要求

1. 研磨A、B、C、D、E、F、G面。
2. 研磨面与H面垂直。
3. 研磨保证角度误差不大于±1′。

代号	JL-33	训练内容	研磨角度样板		
材料	45	数量	1	工时	12h
坯料来源			训练件去向		

综合技能篇

一、四方、六方体开口锉配

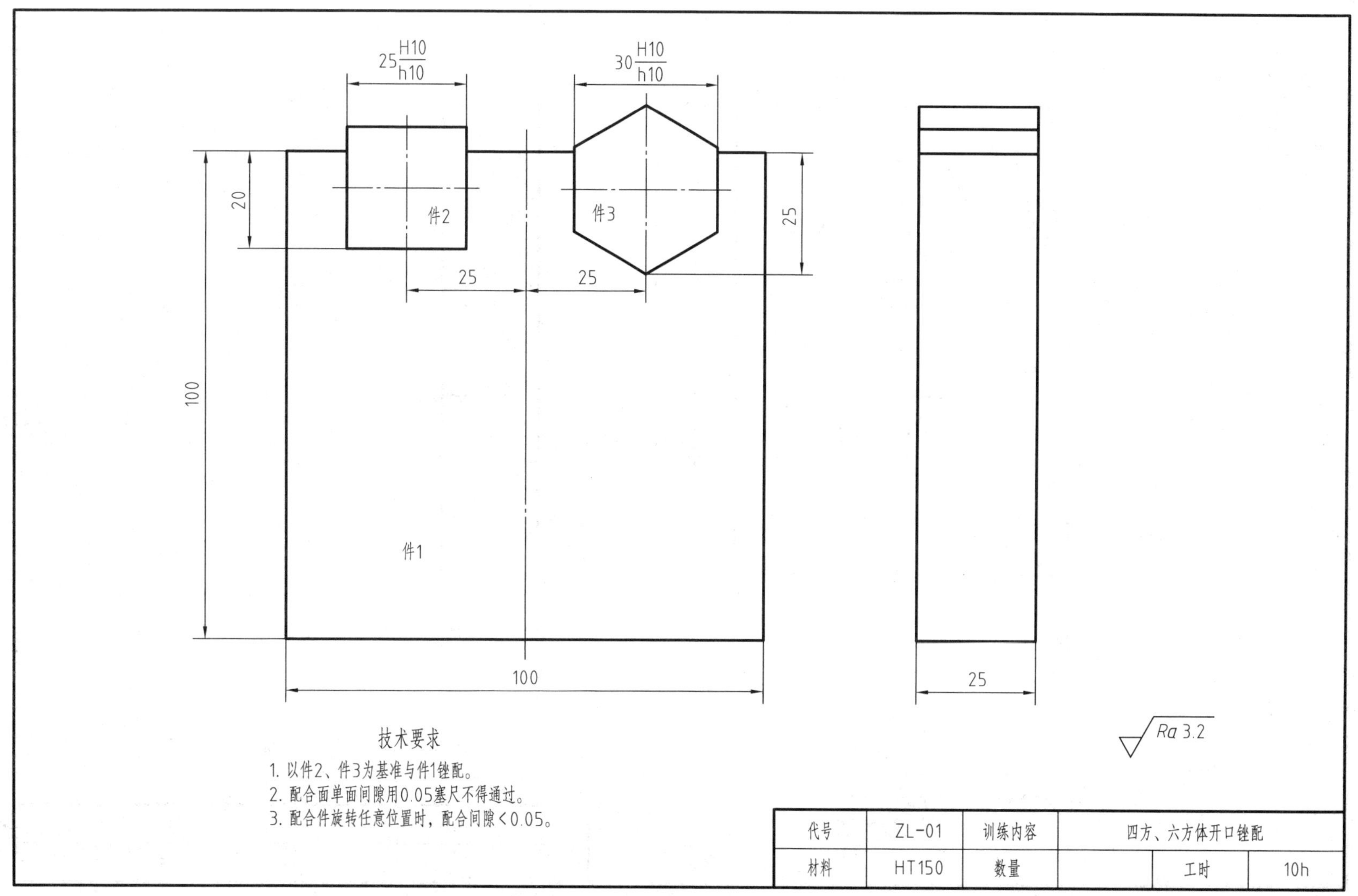

技术要求

1. 以件2、件3为基准与件1锉配。
2. 配合面单面间隙用0.05塞尺不得通过。
3. 配合件旋转任意位置时，配合间隙＜0.05。

代号	ZL-01	训练内容	四方、六方体开口锉配		
材料	HT150	数量		工时	10h

二、四方、六方体封闭锉配

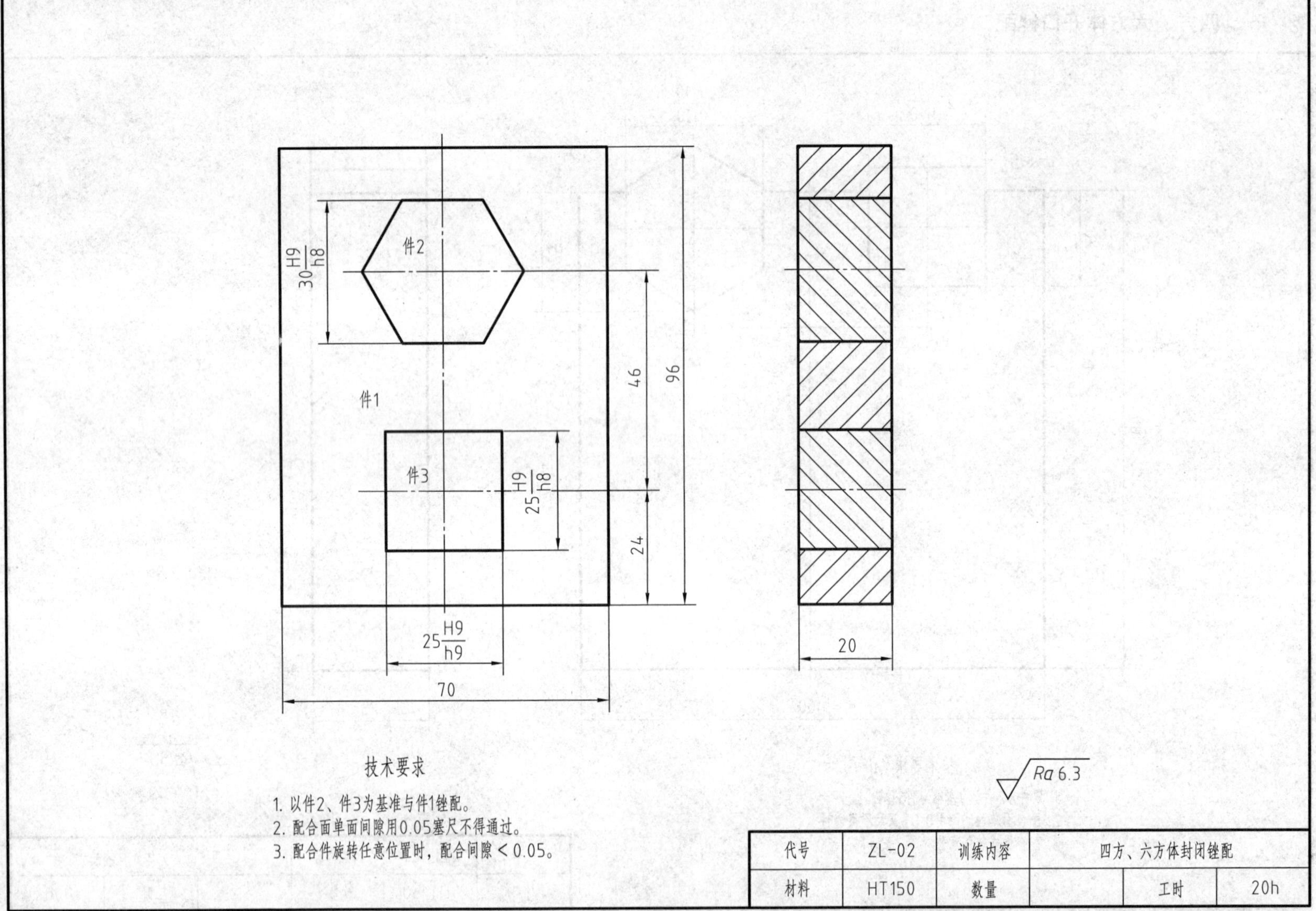

代号	ZL-02	训练内容	四方、六方体封闭锉配		
材料	HT150	数量		工时	20h

三、角度样板锉配

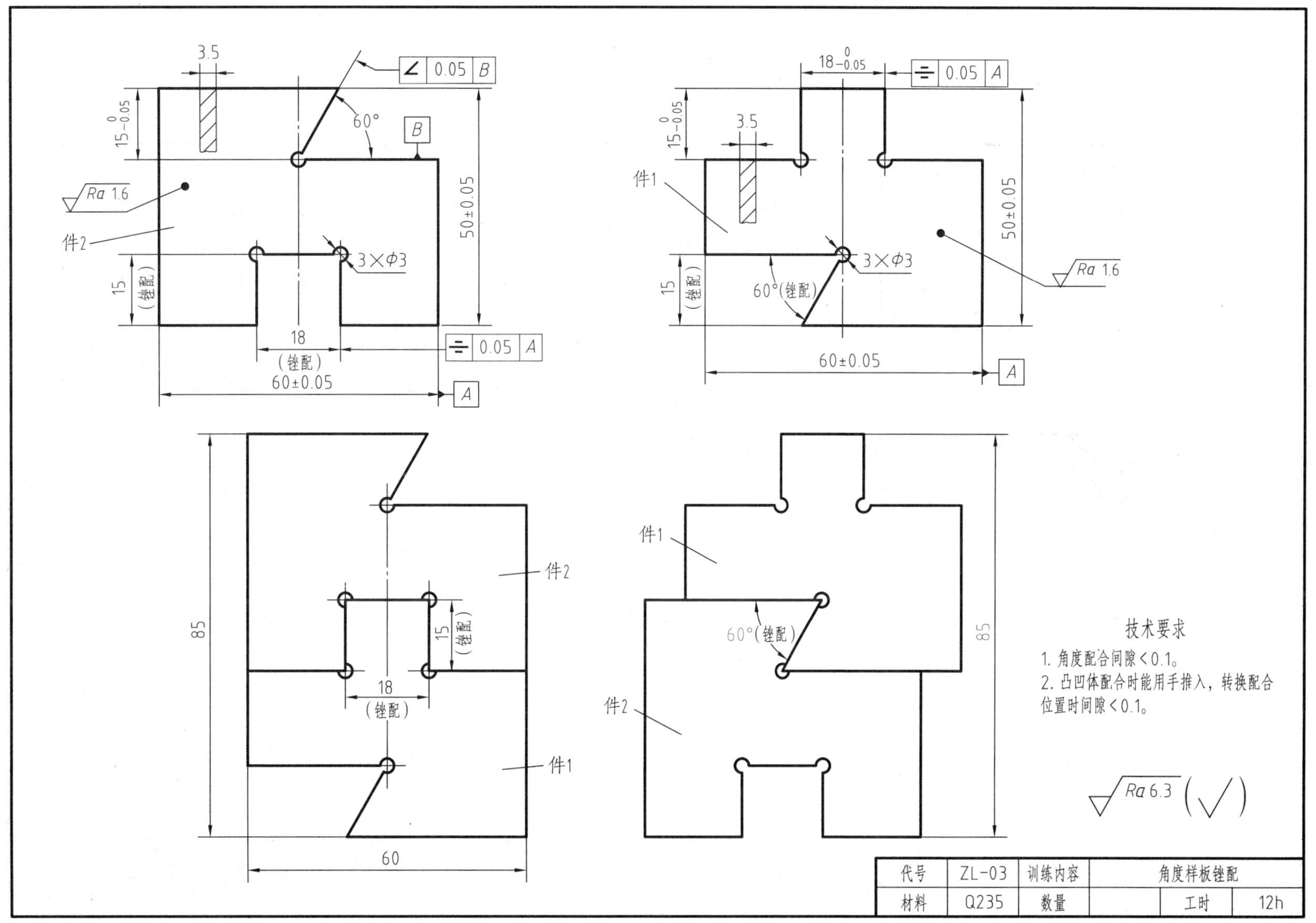

代号	ZL-03	训练内容	角度样板锉配	
材料	Q235	数量	工时	12h

四、三角体、四方体镶配

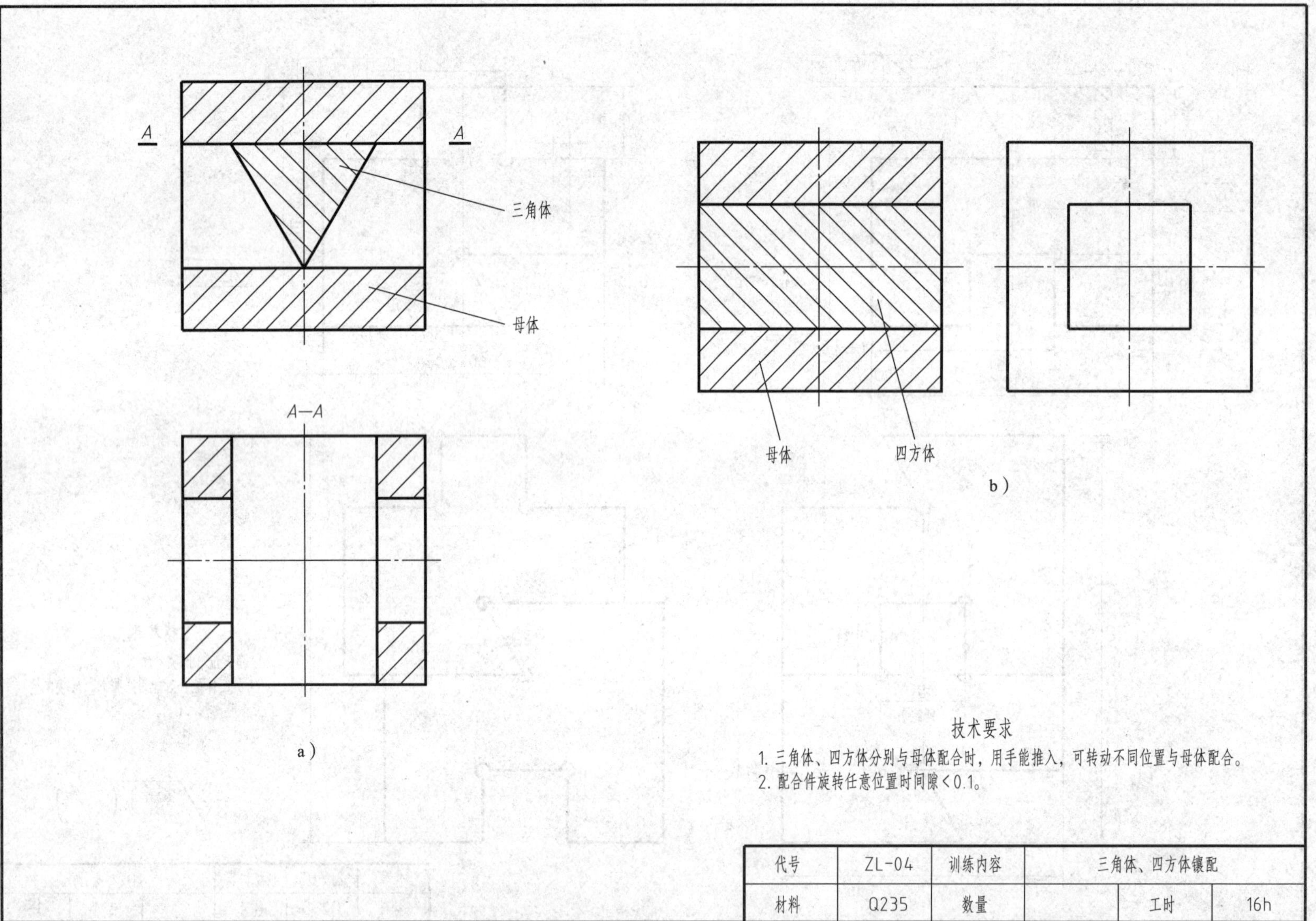

代号	ZL-04	训练内容	三角体、四方体镶配		
材料	Q235	数量		工时	16h

1. 母体

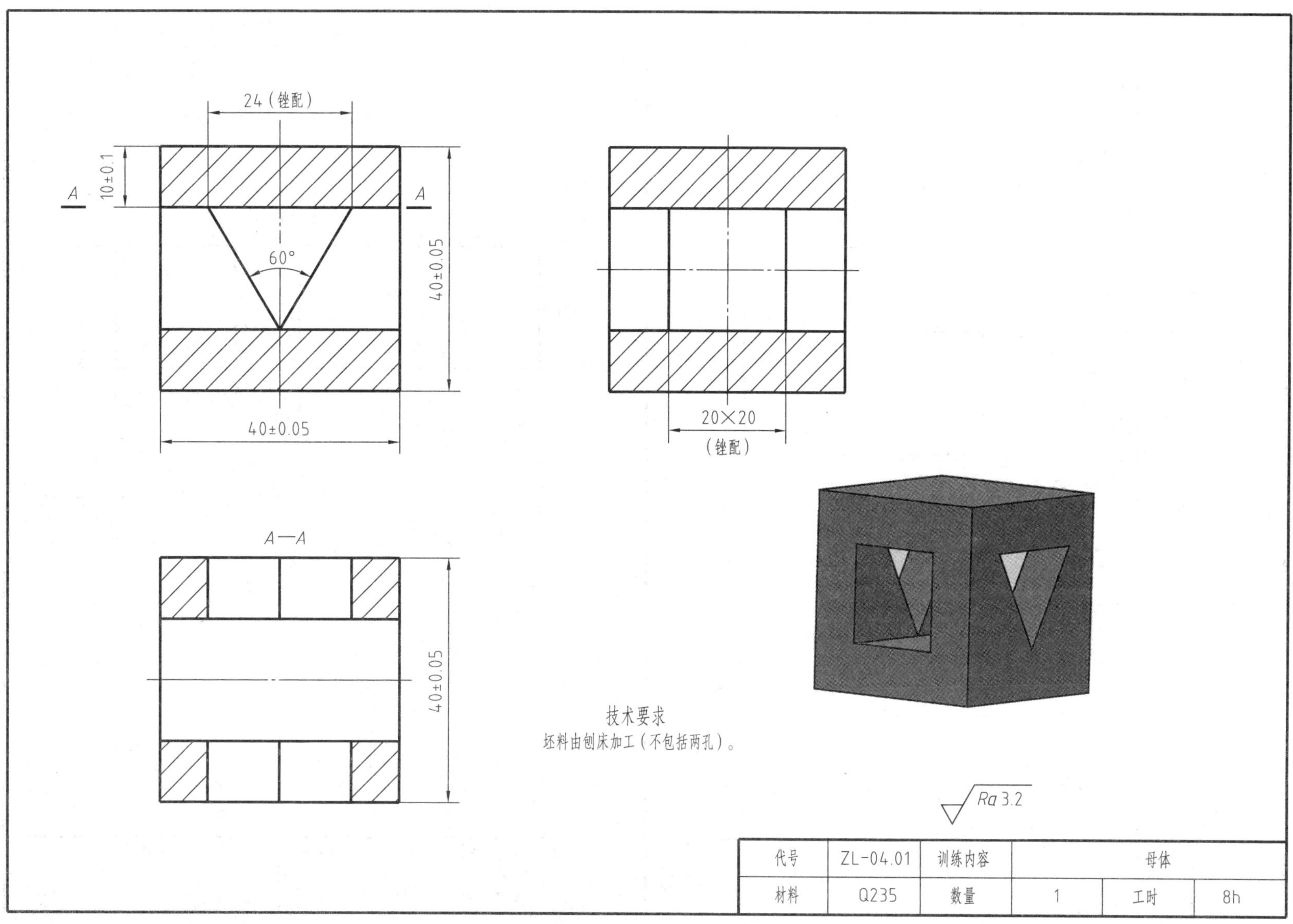

代号	ZL-04.01	训练内容	母体		
材料	Q235	数量	1	工时	8h

2. 三角体

3. 四方体

24 0 -0.03
40±0.05
24 0 -0.03
24 0 -0.03
技术要求
1. 三棱柱的3个侧面与两端面垂直度公差为0.02，平面度公差<0.02。
2. 以此件为基准与母体锉配。
Ra 3.2
代号 ZL-04.02 训练内容 三角体
材料 Q235 数量 1 工时 4h
// 0.03 C
⊥ 0.02 B
⊥ 0.02 A
A
C
B
40±0.05
20 0 -0.03
20 0 -0.03
技术要求
1. 六个平面的平面度公差为0.02。
2. 以此件为基准与母体锉配。
Ra 3.2
代号 ZL-04.03 训练内容 四方体
材料 Q235 数量 1 工时 4h

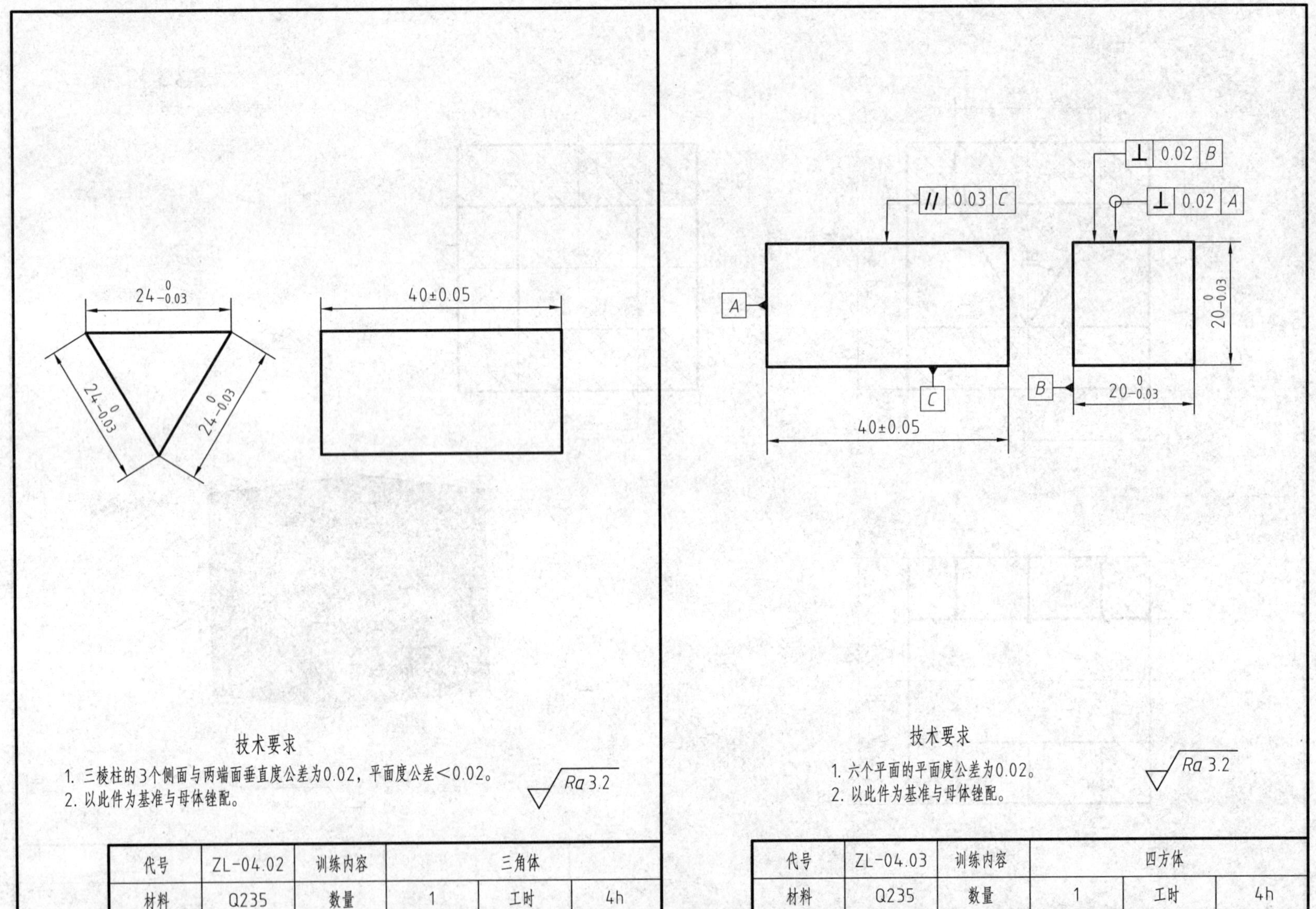

五、塞规、卡规锉配

塞规
3×
0.01
0.01 B
0.01 C
2×
0.01
0.01 C
0.01 D
120°
E
120°
D
40±0.02
$20_{-0.02}^{\ 0}$
$32_{-0.02}^{\ 0}$
0.03 A
B
60
A
Ra 0.8
Ra 0.8
C
14
E
3:1
60°
1.5
1.2
卡规
塞规
(60)
60
卡规
F
40±0.02
20
32（锉配）
60
Ra 0.8
Ra 0.8
14
F
3:1
1.2
1.5
60°
120°
Ra 1.6 (√)
技术要求
1. 前、后两面铣削加工完成。
2. 配合间隙≤0.03。
代号
ZL-05
训练内容
塞规、卡规锉配
材料
45
数量
工时
8h

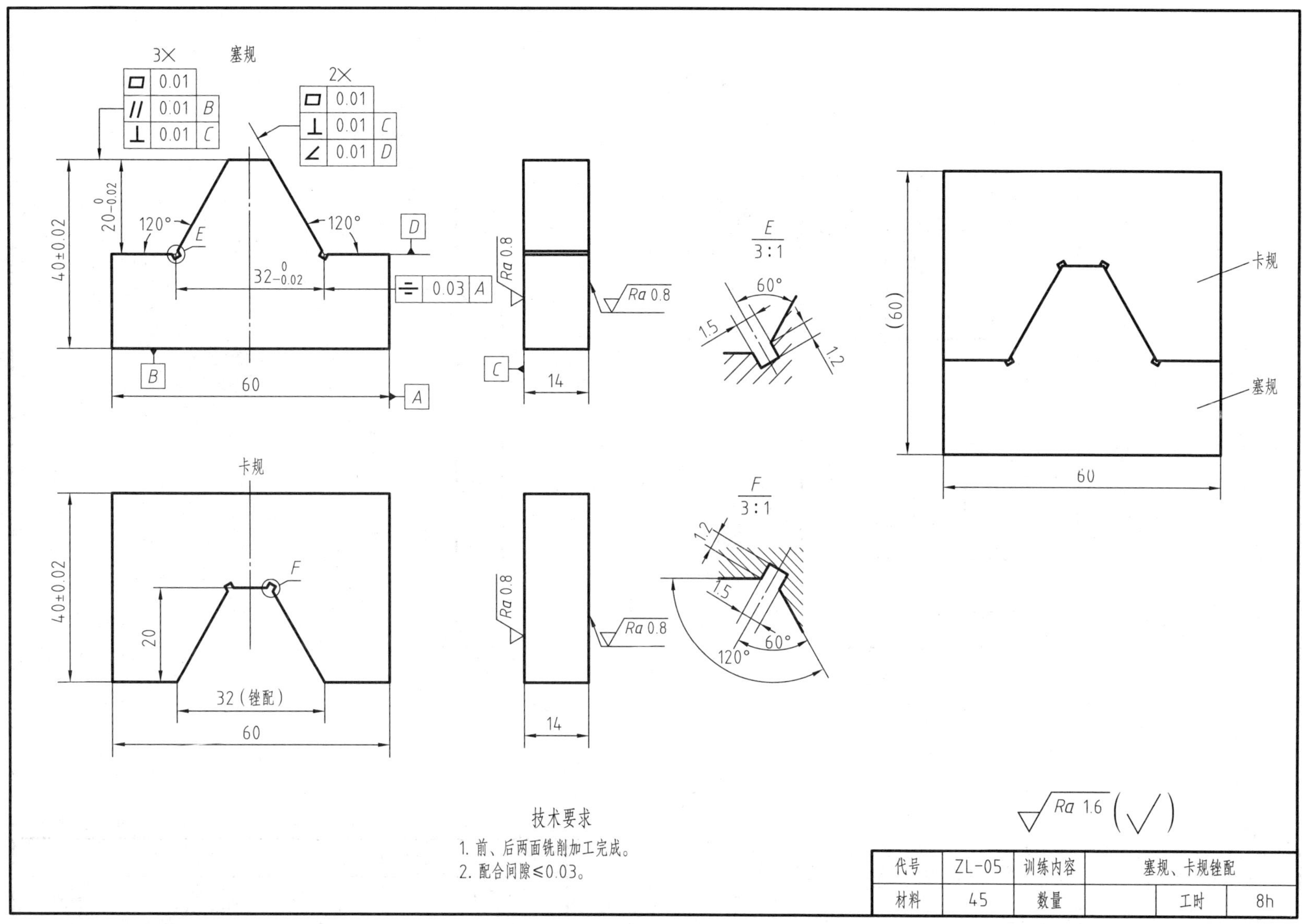

六、四方体、凸形体锉配

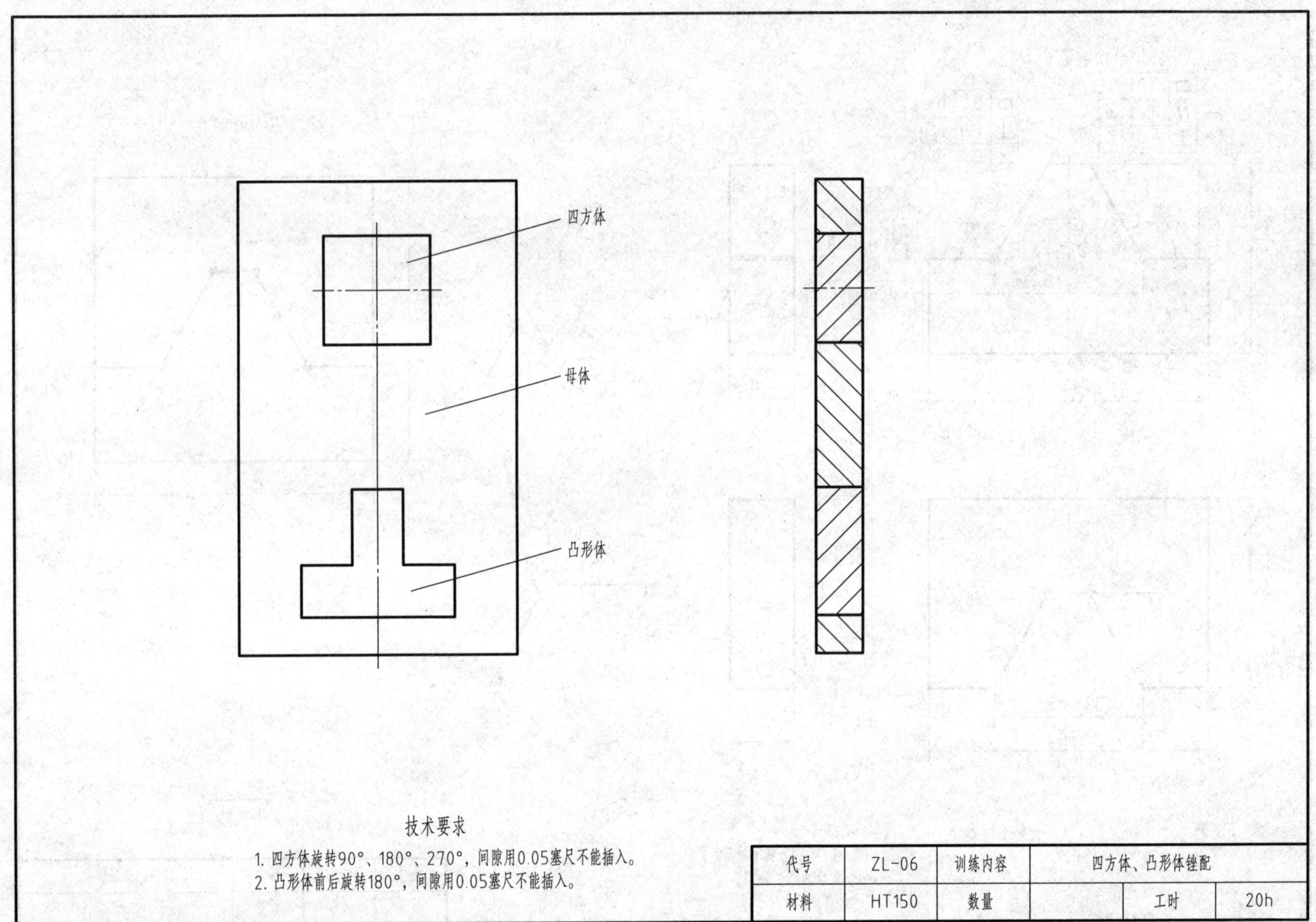

技术要求

1. 四方体旋转90°、180°、270°，间隙用0.05塞尺不能插入。
2. 凸形体前后旋转180°，间隙用0.05塞尺不能插入。

代号	ZL-06	训练内容	四方体、凸形体锉配		
材料	HT150	数量		工时	20h

1. 母体

23×23
(锉配)
0.04 A
11
(锉配)
77
100±0.1
27
(锉配)
11
(锉配)
8
33
(锉配)
0.04 A
60±0.1
A
Ra 1.6
Ra 1.6
10
Ra 3.2 (√)
代号
ZL-06.01
训练内容
母体
材料
HT150
数量
1
工时
8h

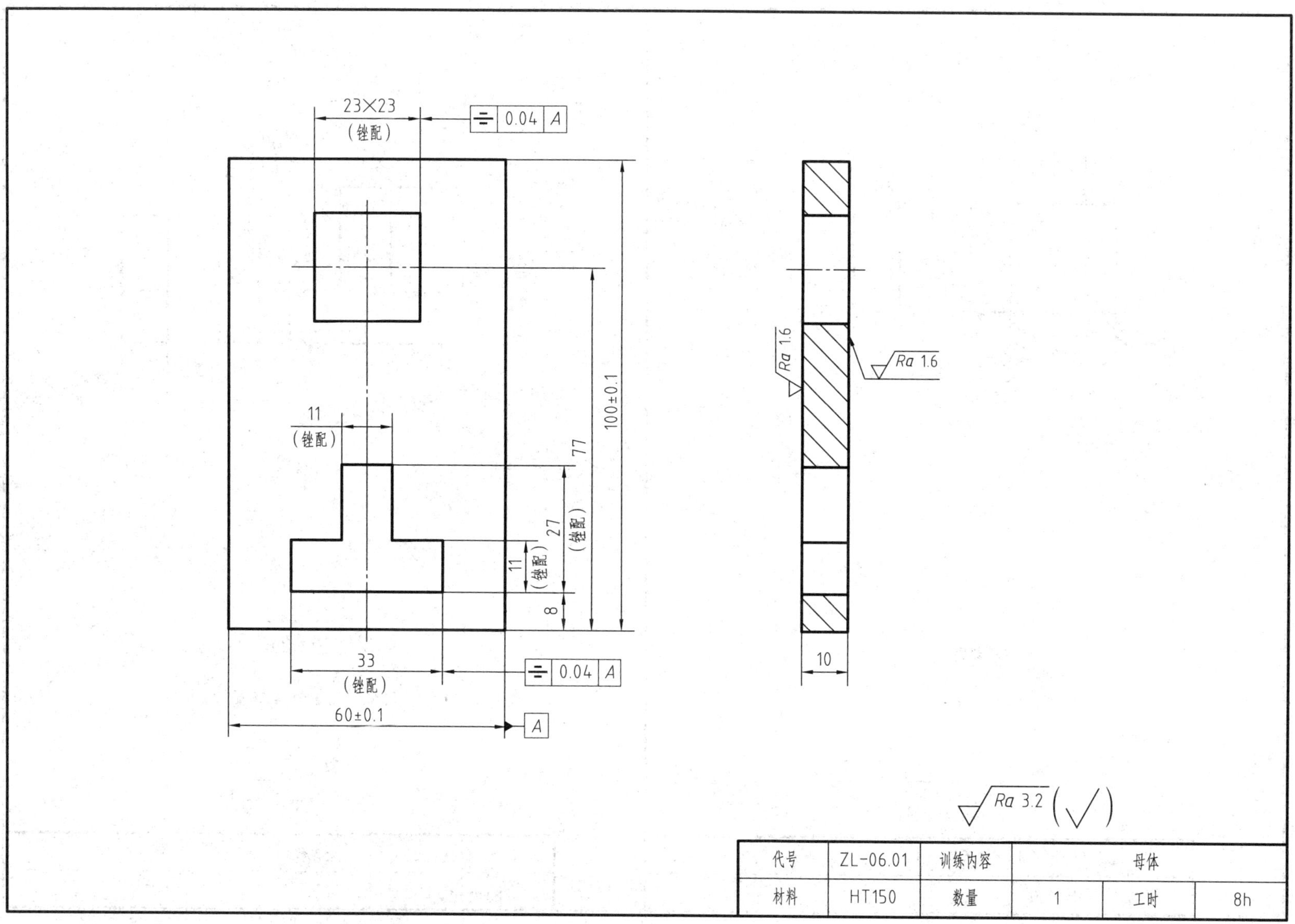

2. 四方柱体

3. 凸形体

// 0.03 A
⊥ 0.03 B C
// 0.03 B
23-0.05
23-0.05
A
B
C
// 0.03 C
10
技术要求
1. 所有表面的平面度公差为0.03。
2. 以此件为基准与母体锉配。
Ra 3.2
代号 ZL-06.02 训练内容 四方柱体
材料 HT150 数量 1 工时 6h
// 0.03 A
⊥ 0.03 C
= 0.03 C
⊥ 0.03 B
11-0.05
11-0.05
27-0.05
33-0.05
A
B
C
10
技术要求
1. 所有表面的平面度公差为0.03。
2. 以此件为基准与母体锉配。
Ra 3.2
代号 ZL-06.03 训练内容 凸形体
材料 HT150 数量 1 工时 6h

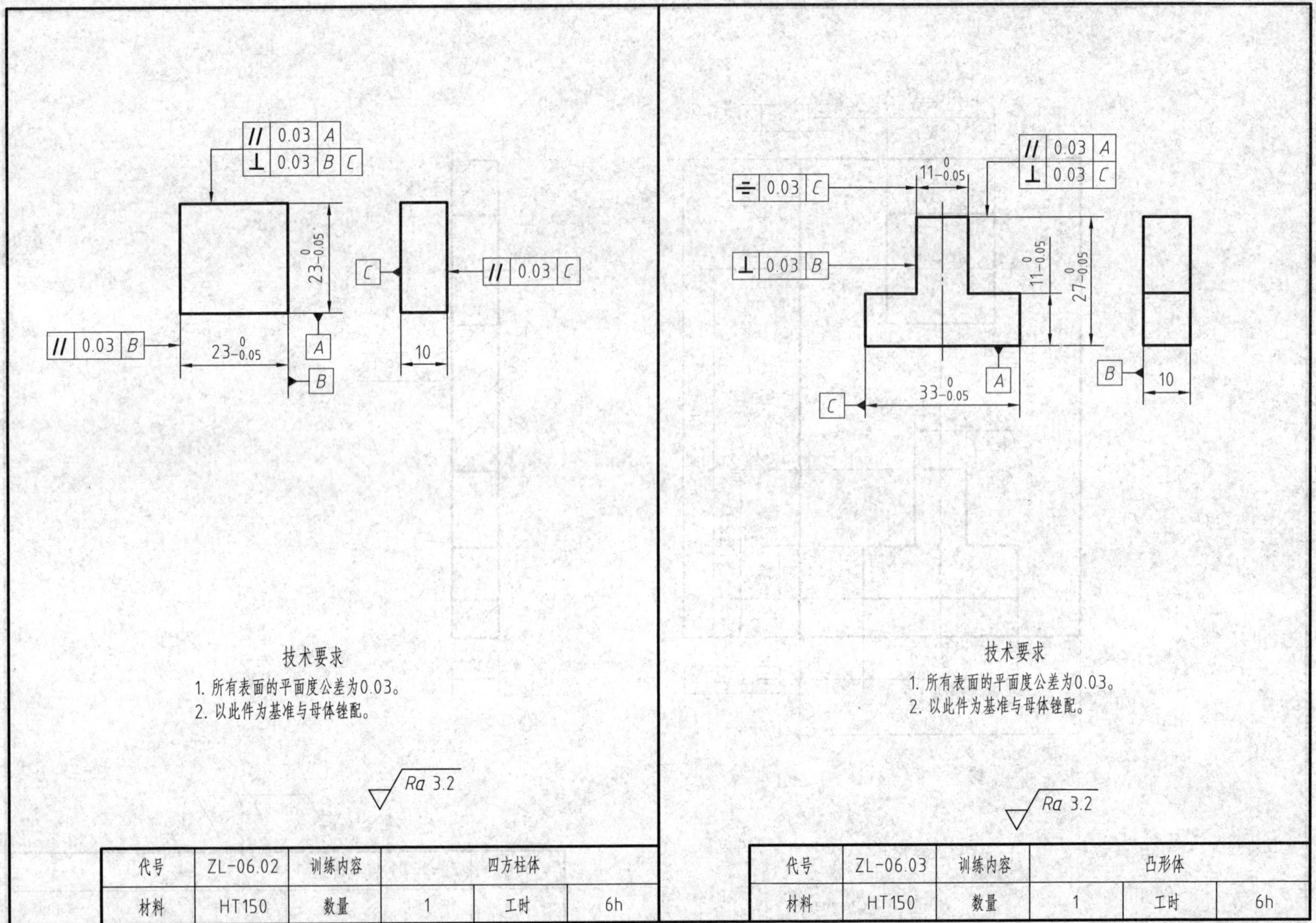

七、正五方、正六方体镶配

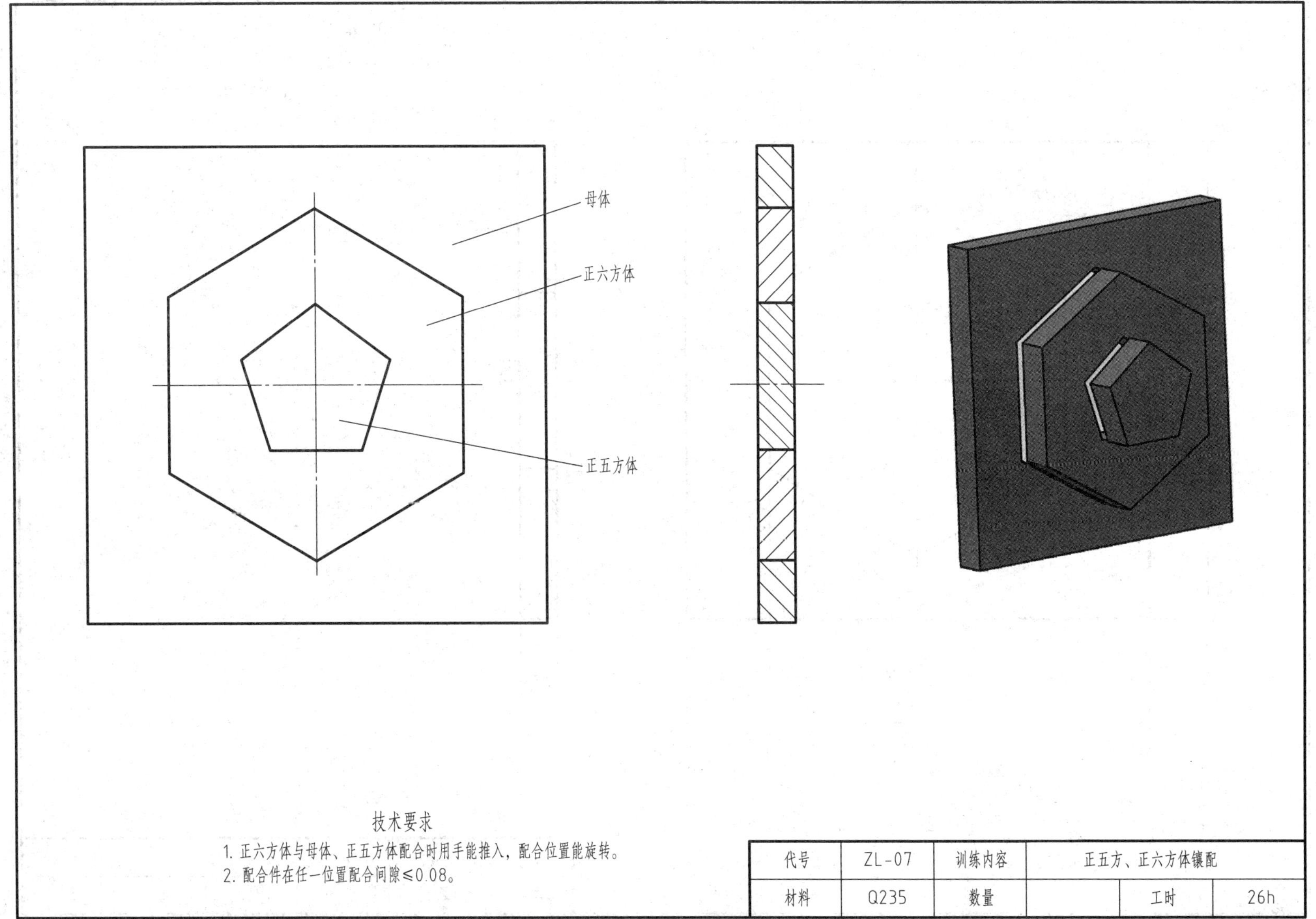

代号	ZL-07	训练内容	正五方、正六方体镶配		
材料	Q235	数量		工时	26h

1. 母体

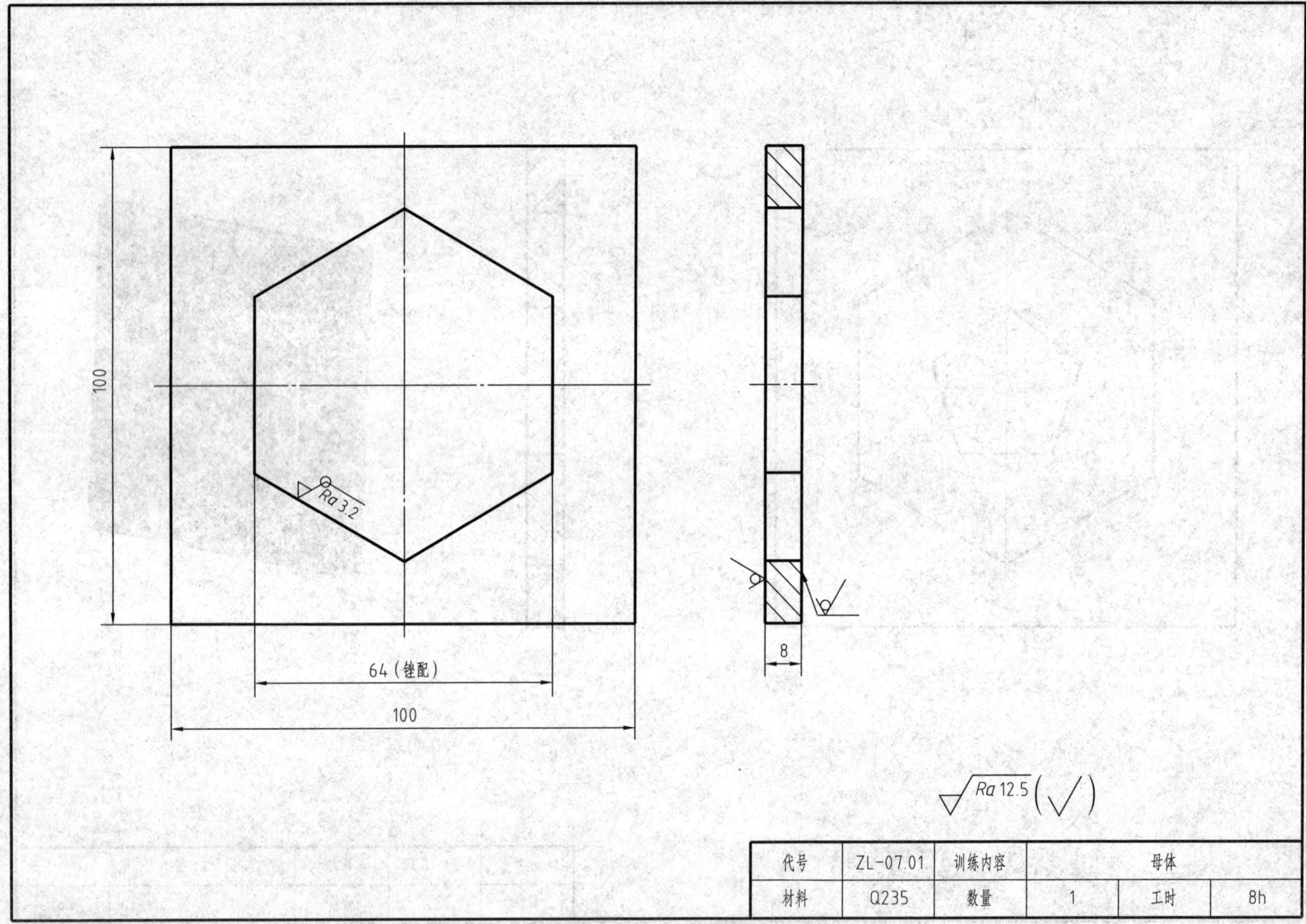

代号	ZL-07.01	训练内容	母体		
材料	Q235	数量	1	工时	8h

2. 正六方体

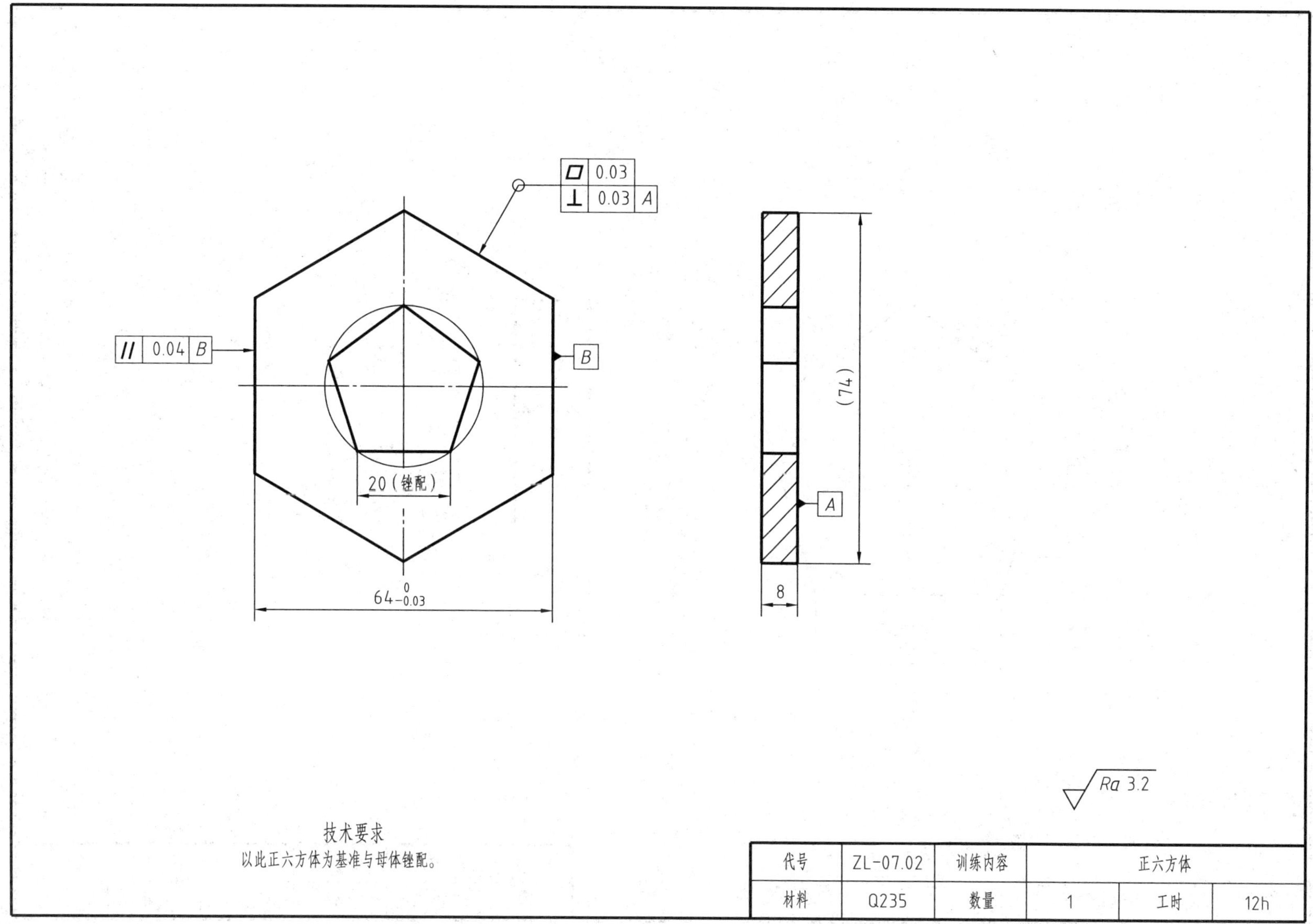

代号	ZL-07.02	训练内容	正六方体		
材料	Q235	数量	1	工时	12h

3. 正五方体

0.03
0.03 B
20 0 −0.04
8
31
B
Ra 3.2
技术要求
以此正五方体为基准与正六方体锉配。
代号
ZL-07.03
训练内容
正五方体
材料
Q235
数量
1
工时
6h

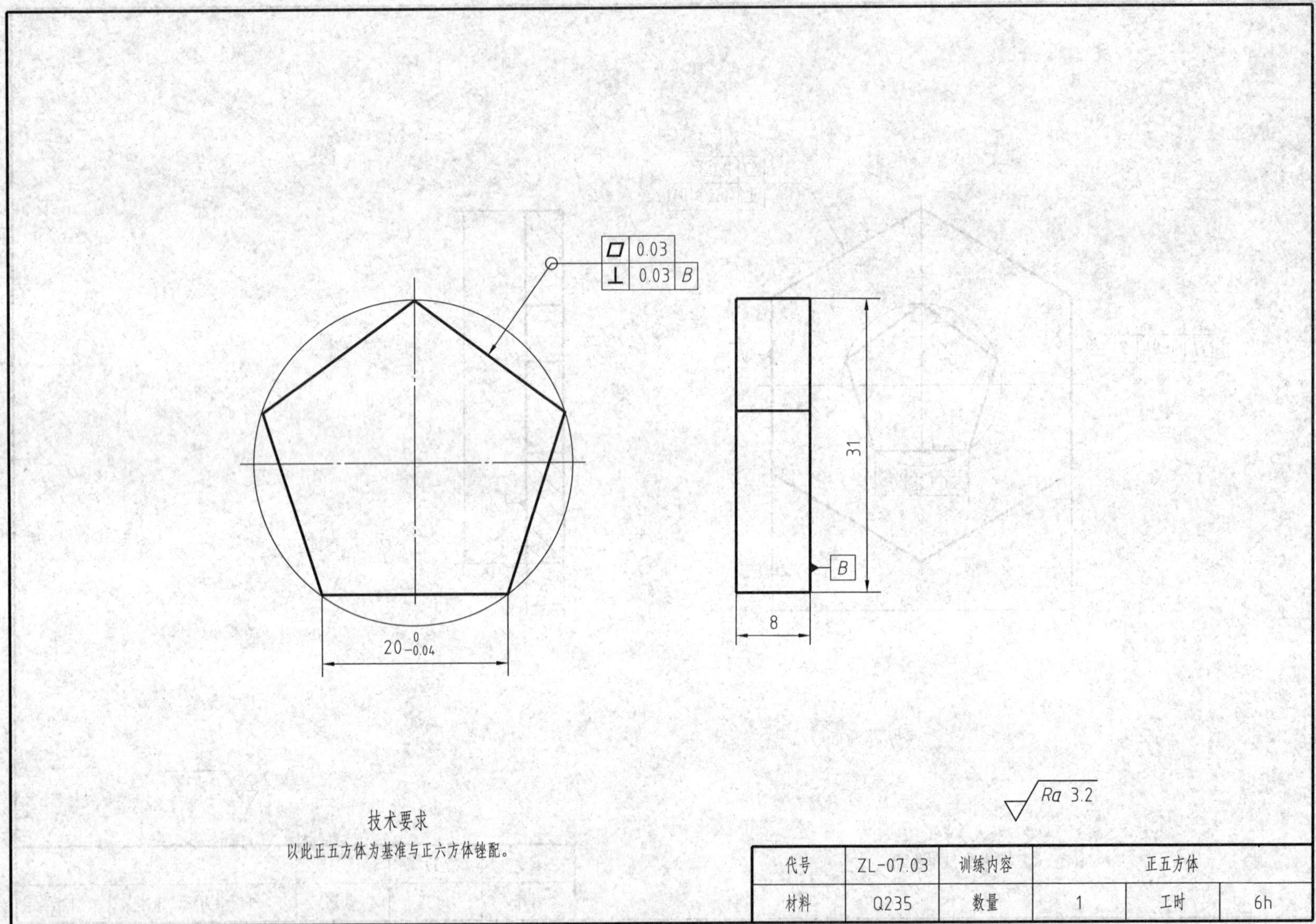

八、圆头键、工形体镶配

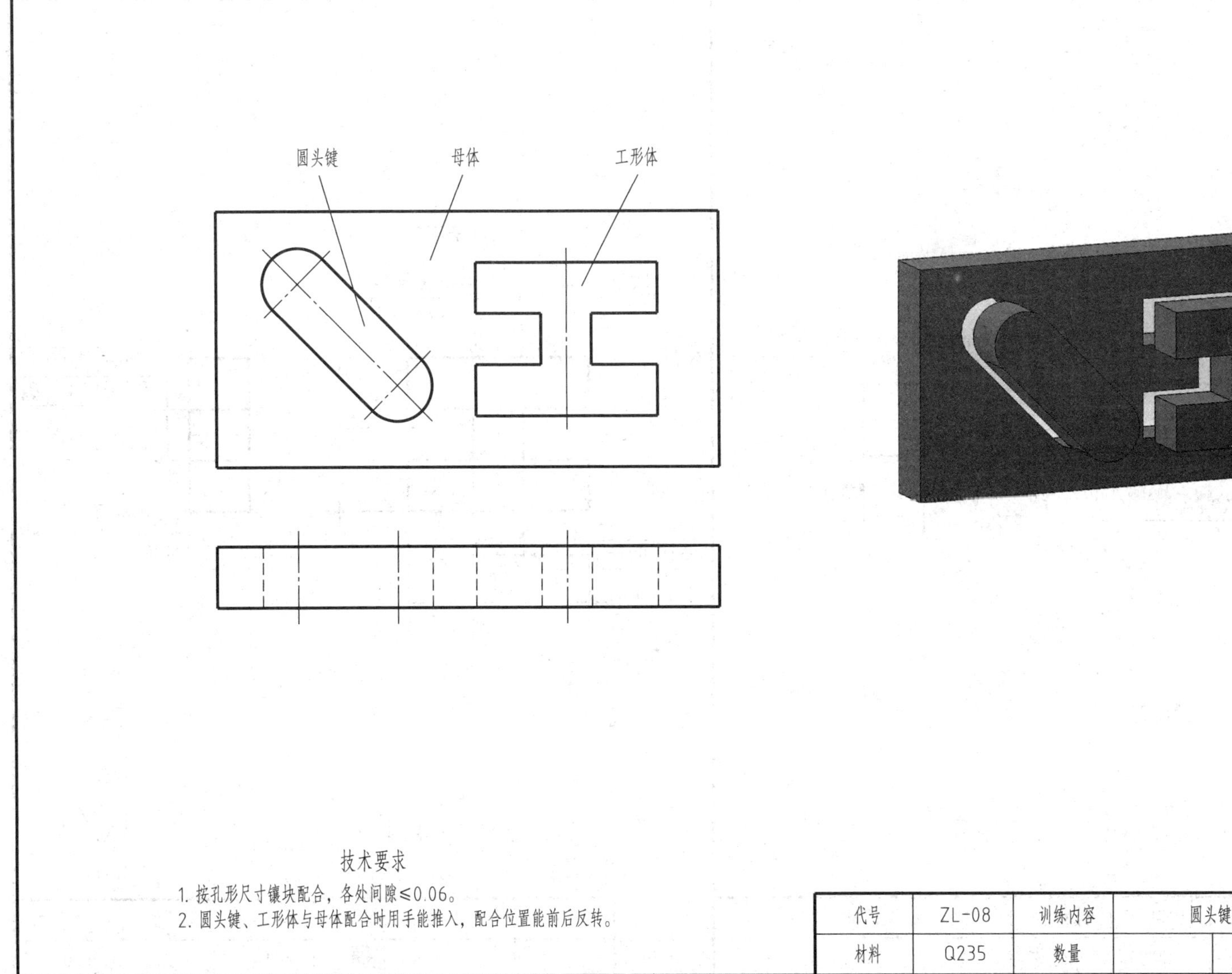

技术要求

1. 按孔形尺寸镶块配合，各处间隙≤0.06。
2. 圆头键、工形体与母体配合时用手能推入，配合位置能前后反转。

代号	ZL-08	训练内容	圆头键、工形体镶配		
材料	Q235	数量		工时	20h

1. 圆头键　　　　2. 工形体

2×
0.02
0.02 A
0.02 B
2×
0.03
R7
A
$42^{0}_{-0.04}$
Ra 6.3
Ra 6.3
$14^{0}_{-0.04}$
B
12
技术要求
以此件为基准与母体锉配。
Ra 3.2
代号 ZL-08.01 训练内容 圆头键
材料 Q235 数量 1 工时 3h
0.03 A
0.03 B C
0.03
12
C
0.03 D
0.03 B
$10^{0}_{-0.06}$
$30^{0}_{-0.06}$
$10^{0}_{-0.06}$
Ra 6.3
Ra 6.3
0.03 B
$10^{0}_{-0.06}$
A
D
B
$36^{0}_{-0.06}$
技术要求
以此件为基准与母体锉配。
Ra 3.2
代号 ZL-08.02 训练内容 工形体
材料 Q235 数量 1 工时 6h

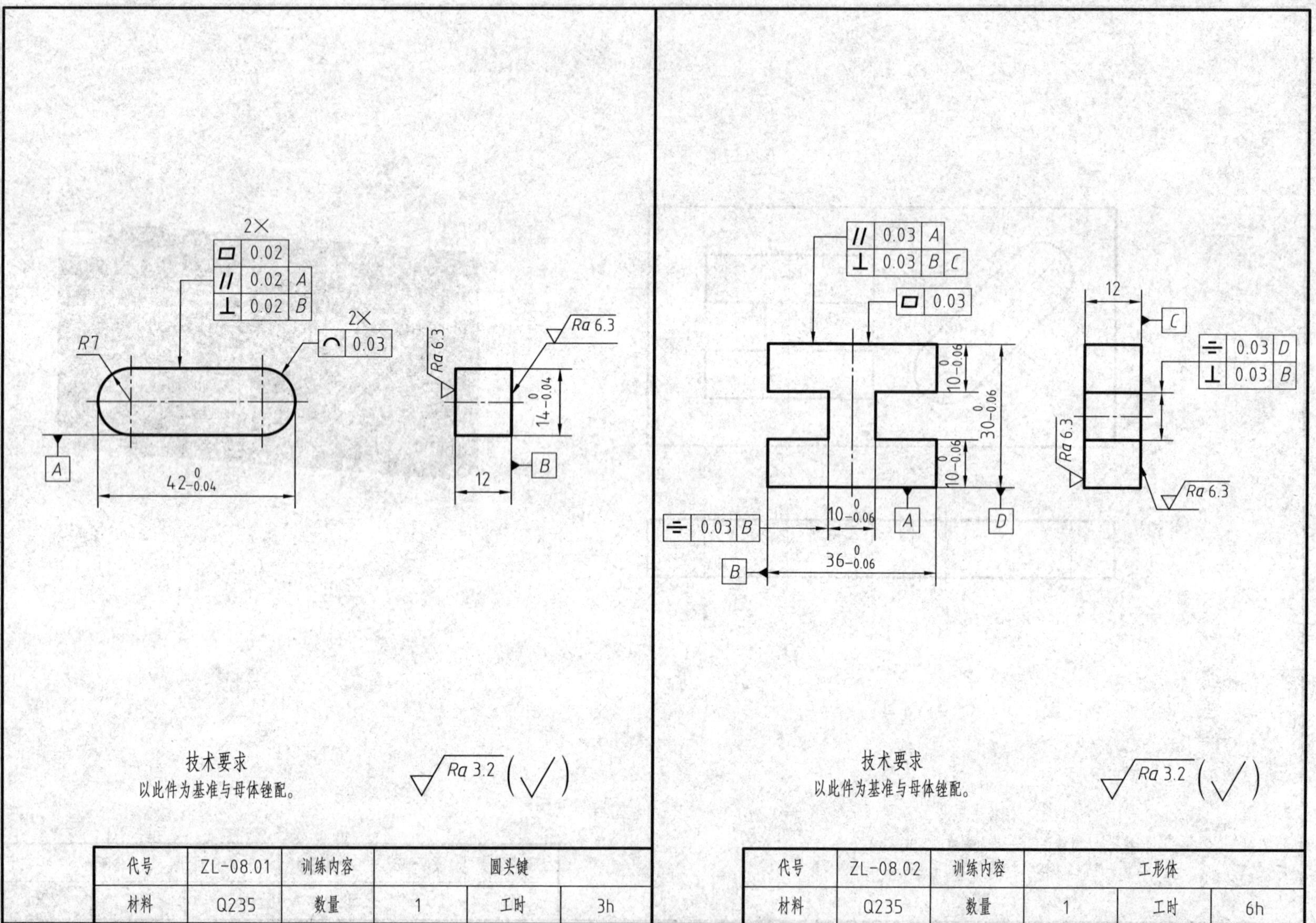

3. 母体

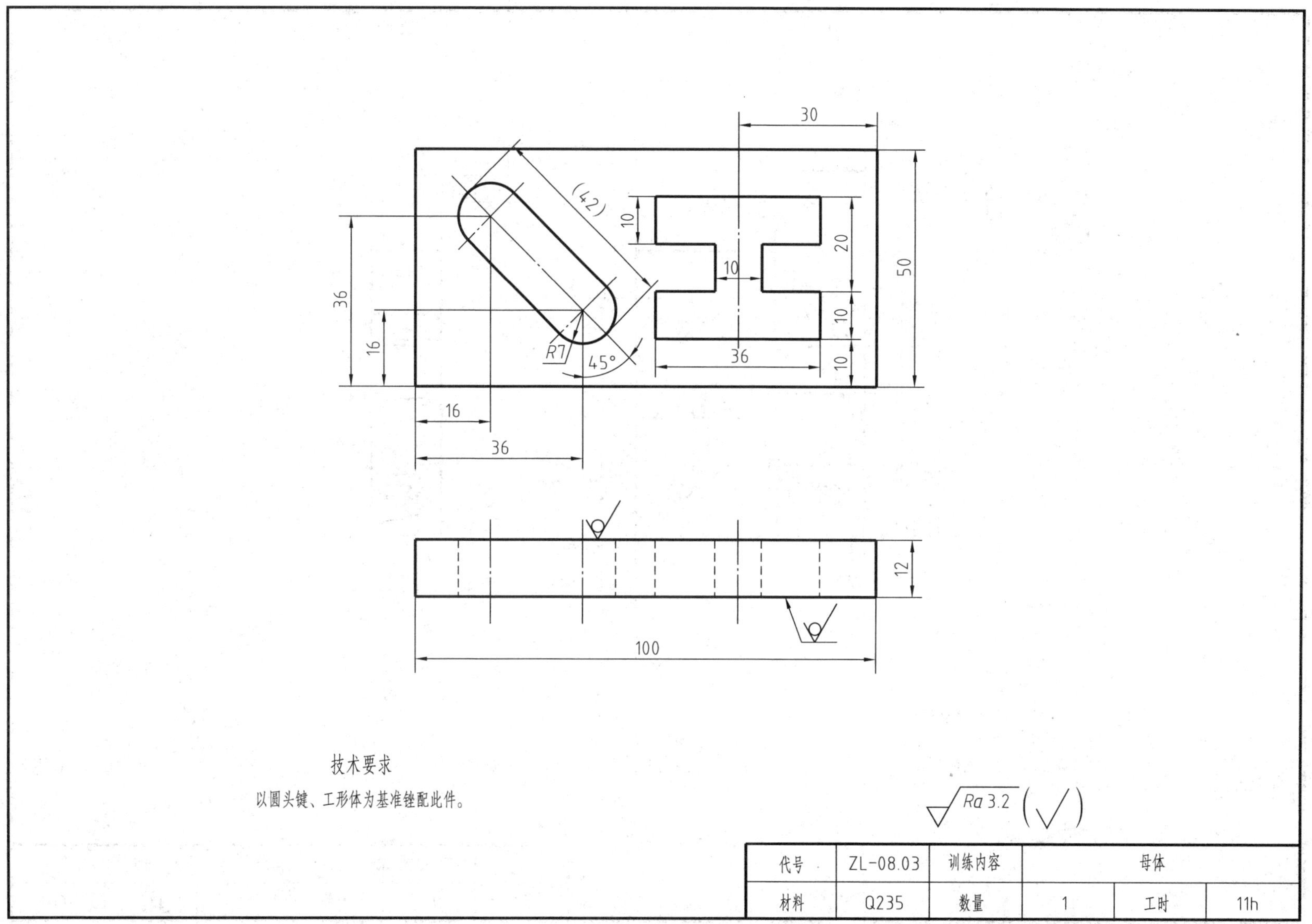

代号	ZL-08.03	训练内容	母体		
材料	Q235	数量	1	工时	11h

九、制作 F 形块

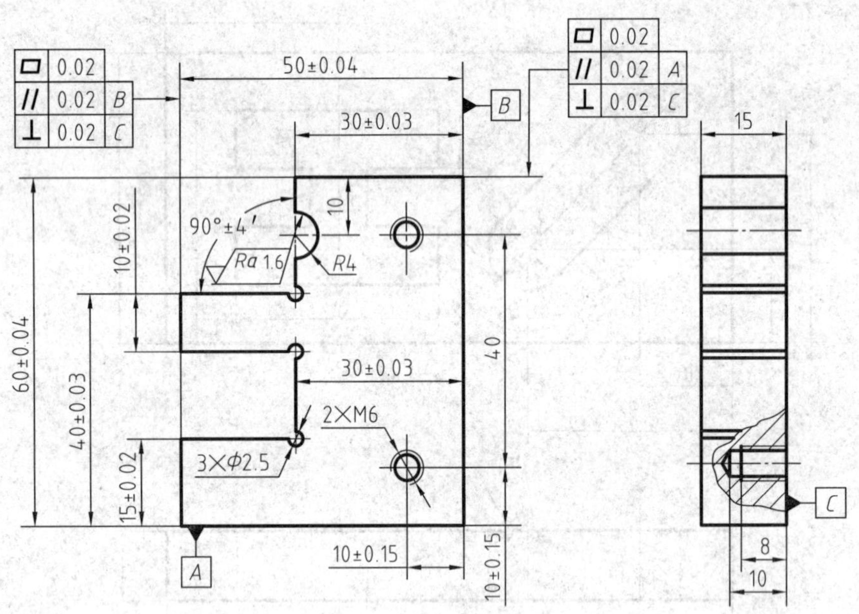

技术要求

1. 未注平面度、平行度公差的按相应尺寸公差的1/2要求。
2. 螺纹底孔不得钻透，孔口倒角C1。
3. 倒钝锐边及去毛刺，不允许用砂布加工。

Ra 3.2 (√)

代号	ZL-09	训练内容	制作F形块		
材料	45	数量	1	工时	6h

十、制作角度块

// 0.02 B
20
// 0.02 B
120°±3′
□ 0.02
Φ2
2×M10
74 0 −0.03
40 0 −0.03
20±0.25
B
// 0.02 C
44±0.25
15
74 0 −0.03
C
25 0 −0.02
Ra 1.6
Ra 0.8
刮削
A
// 0.02 A
1
120°
15
20
技术要求
基准A、B、C相互间的垂直度公差为0.02。
Ra 3.2 (√)
代号
ZL-10
训练内容
制作角度块
材料
HT150
数量
1
工时
12h

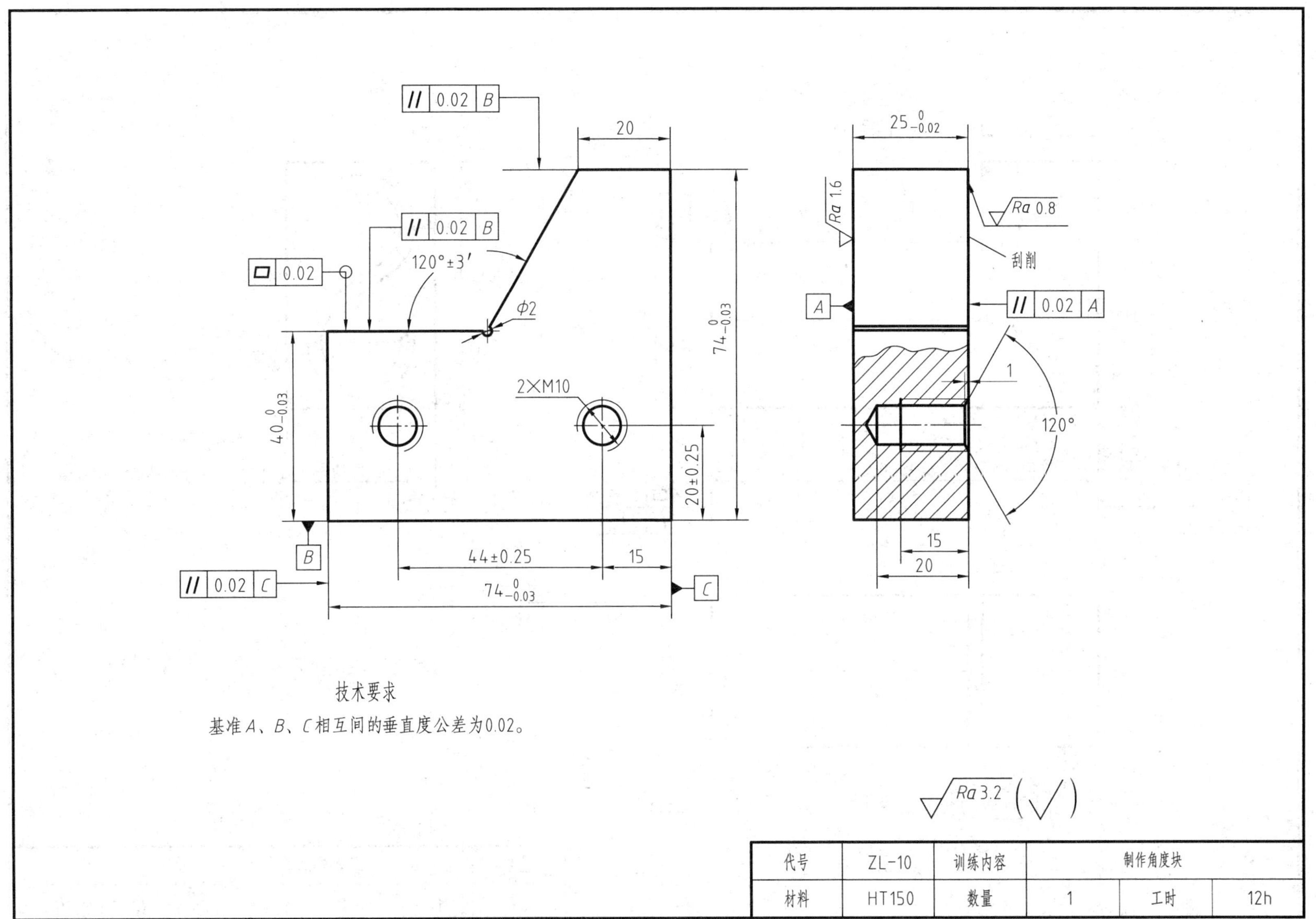

十一、制作 L 形块

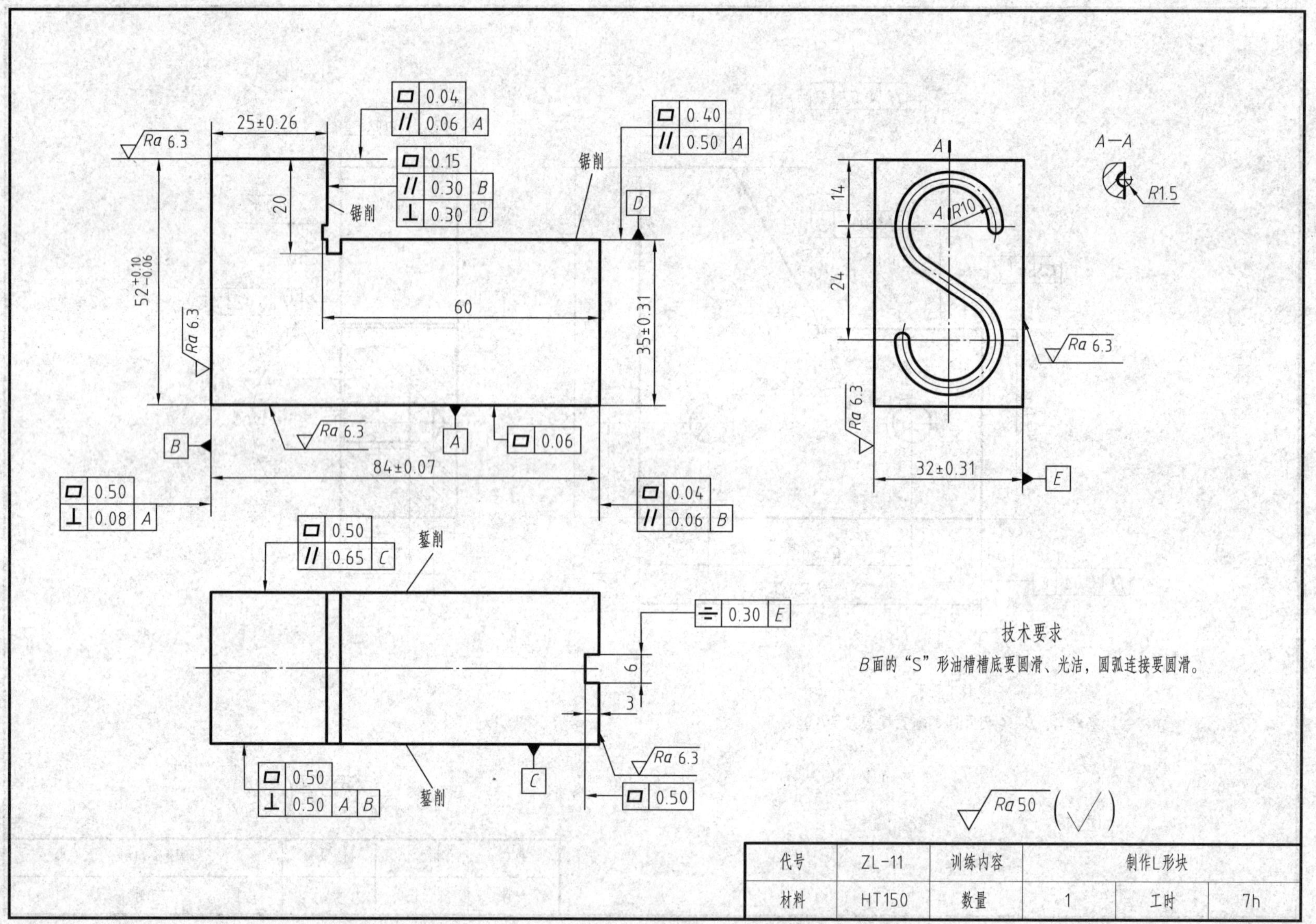

代号	ZL-11	训练内容	制作L形块		
材料	HT150	数量	1	工时	7h

十二、制作划针

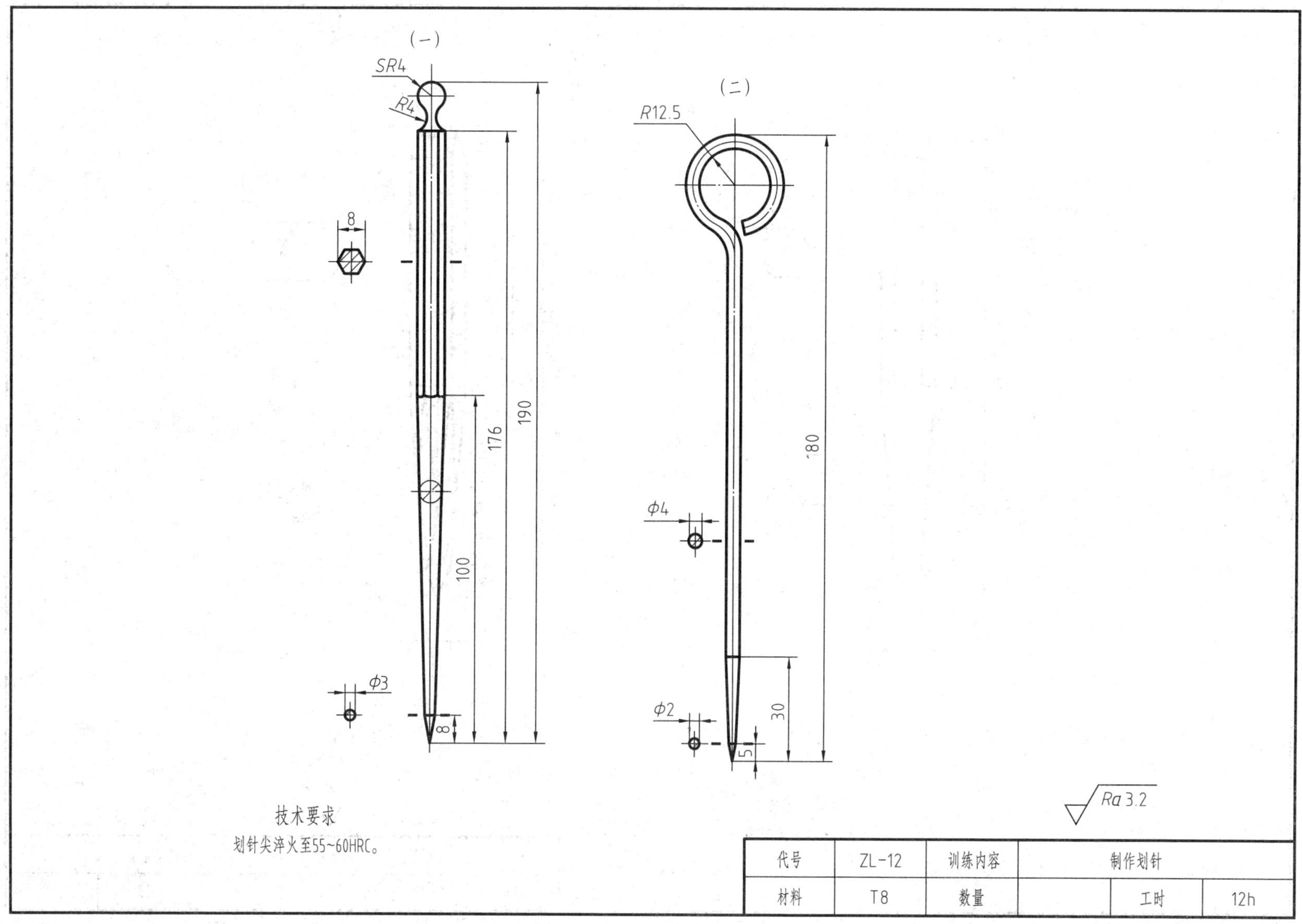

代号	ZL-12	训练内容	制作划针		
材料	T8	数量		工时	12h

十三、制作样冲

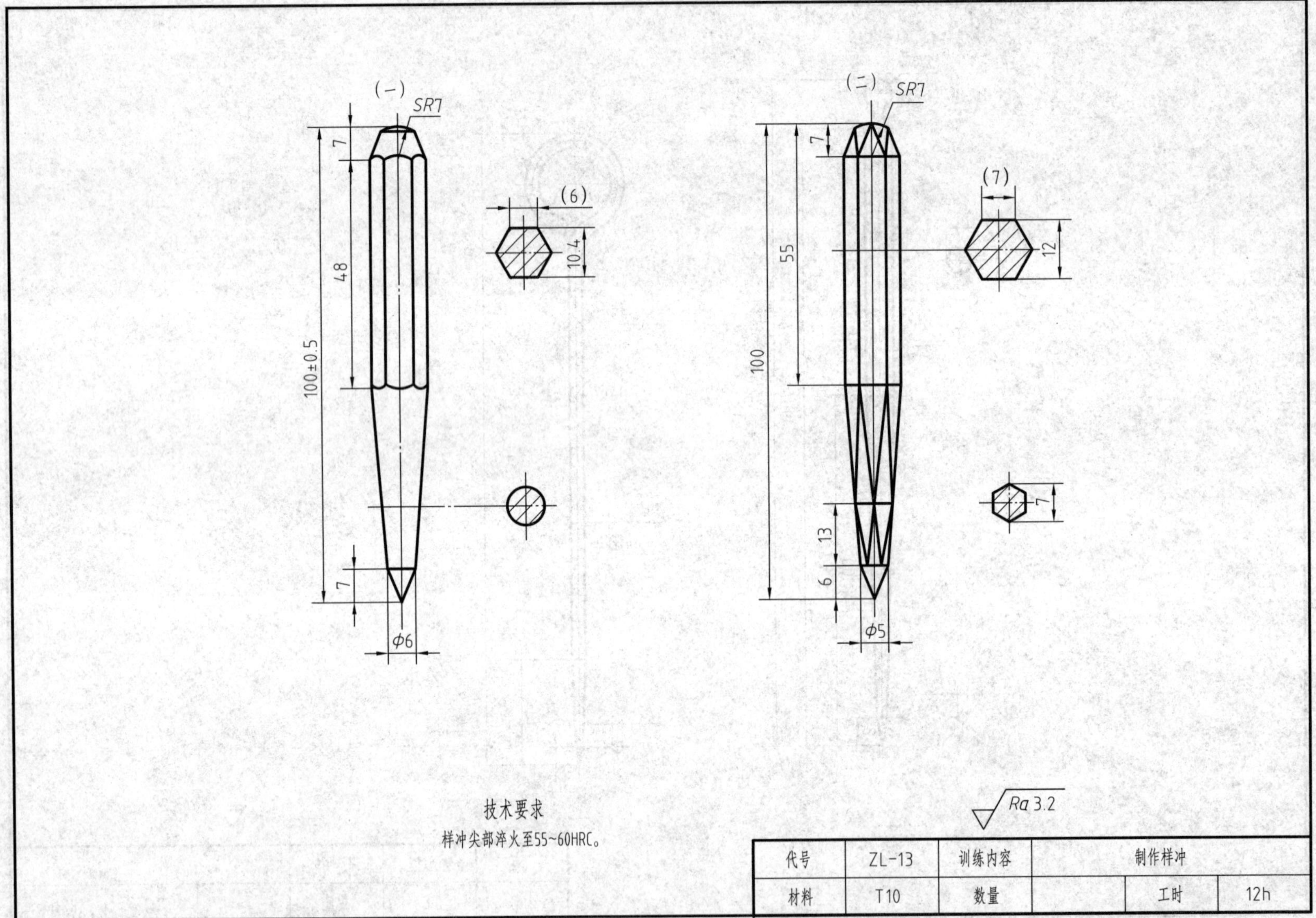

代号	ZL-13	训练内容	制作样冲		
材料	T10	数量		工时	12h

十四、制作划规

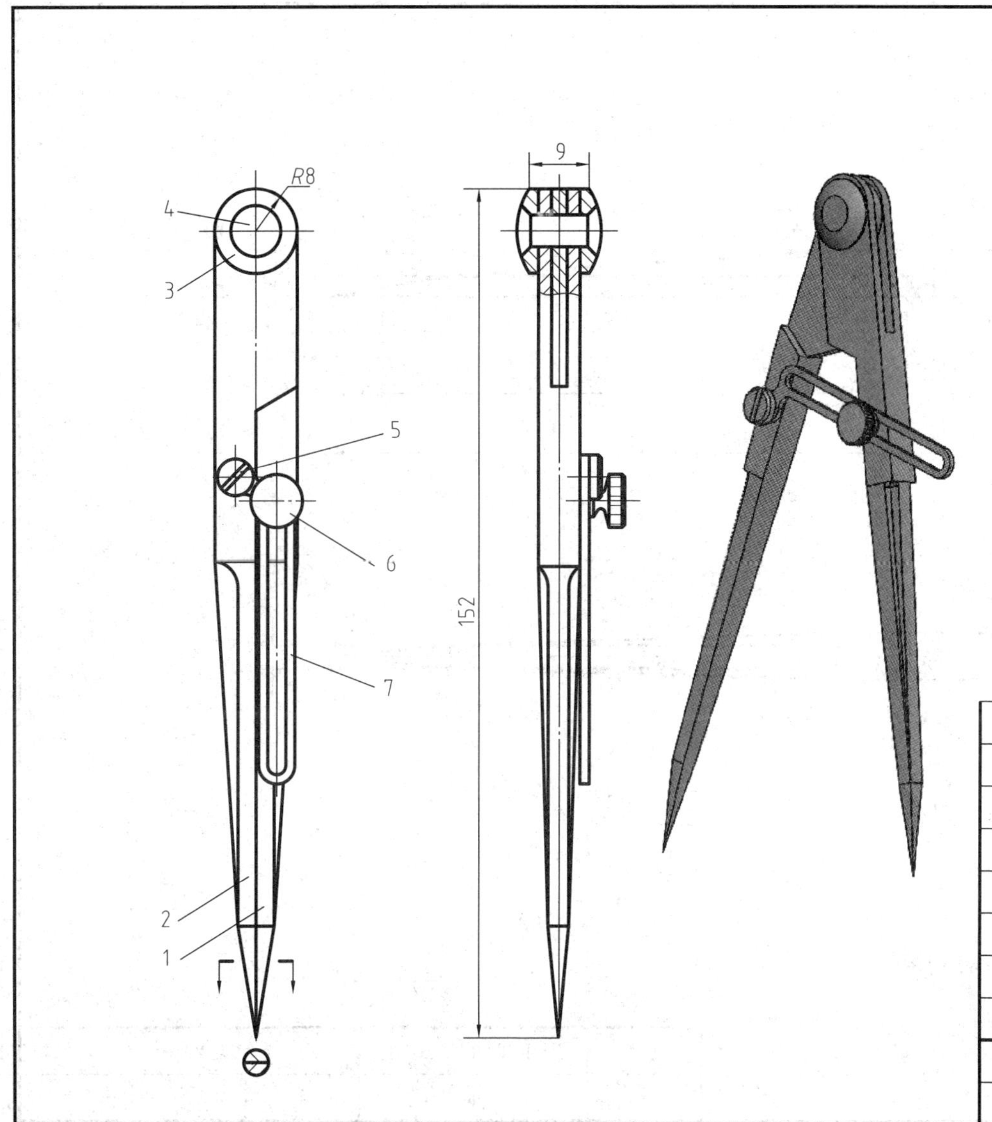

技术要求

1. 活动部位配合为H8/f7。
2. 铆钉头、垫圈、件1和件2上的R8圆柱面应圆滑。
3. 划规开合时应松紧适中。
4. 两脚拼合时间隙<0.1，件1和件2上120°角的配合间隙不大于0.06。
5. 两脚倒角位置正确、匀称。
6. 调节板锁紧时，两脚无窜动。
7. 两脚长短一致，脚尖倒圆一致。
8. 脚尖淬火至50~55HRC。

7	调节板	1	Q235	
6	紧固螺栓	1	Q235	车削
5	螺钉	1	Q235	车削
4	铆钉	1	Q235	车削
3	垫圈	2	Q235	车削
2	划规脚（二）	1	T10	
1	划规脚（一）	1	T10	
序号	名称	数量	材料	备注

代号	ZL-14	训练内容	制作划规	
材料		数量	工时	39h

1. 划规脚（一）

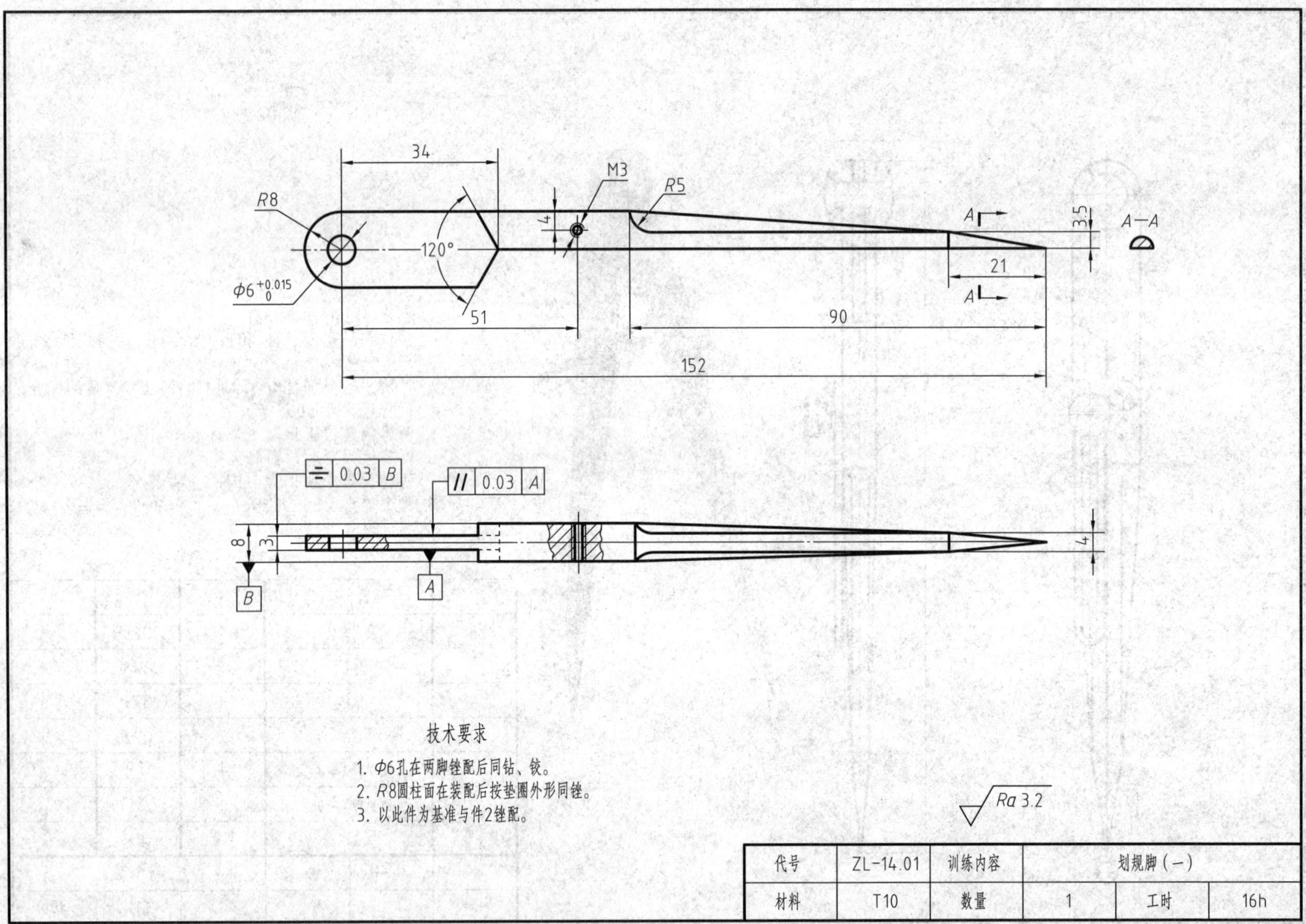

代号	ZL-14.01	训练内容	划规脚（一）		
材料	T10	数量	1	工时	16h

2. 划规脚（二）

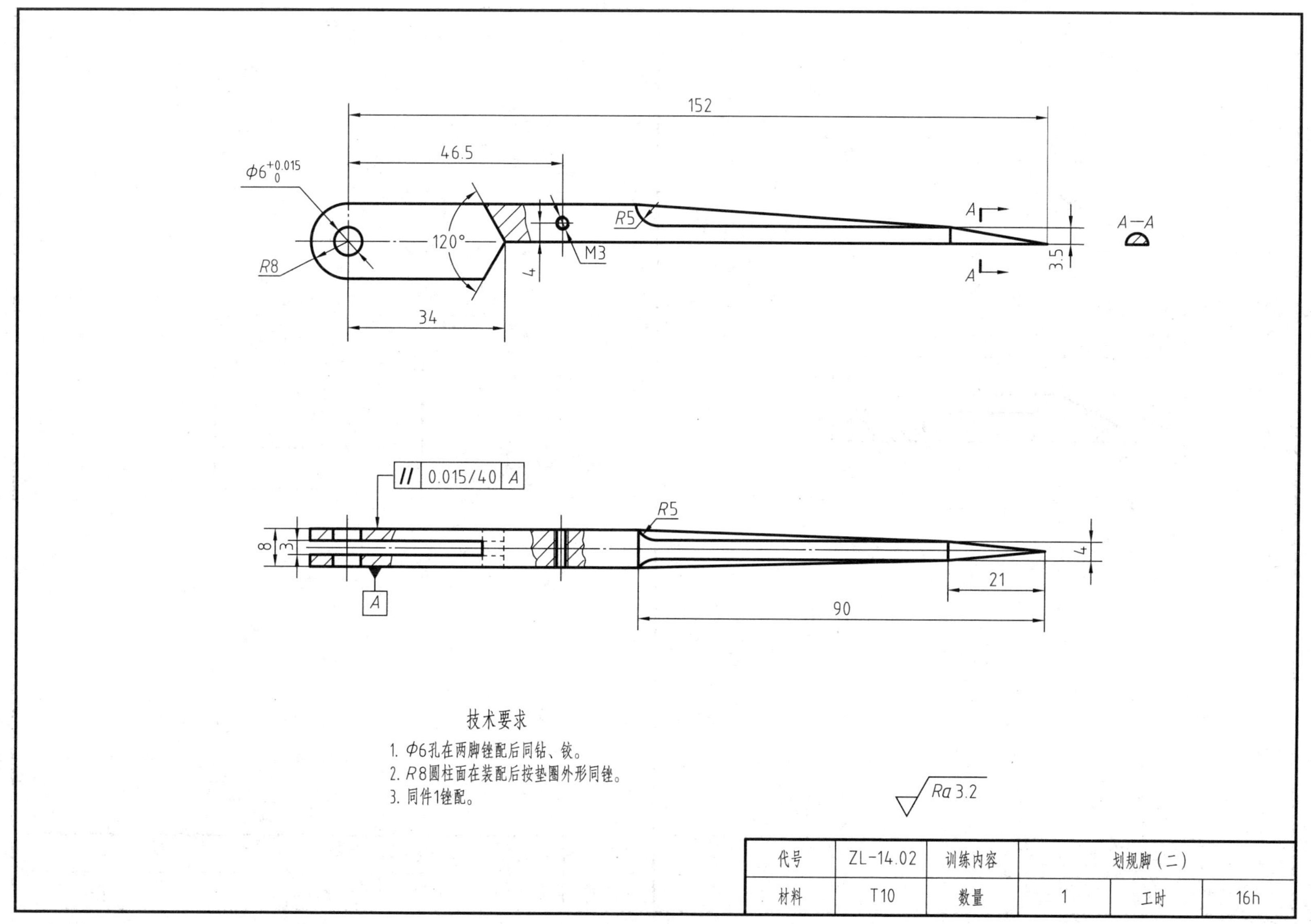

代号	ZL-14.02	训练内容	划规脚（二）		
材料	T10	数量	1	工时	16h

3. 垫圈

4. 铆钉

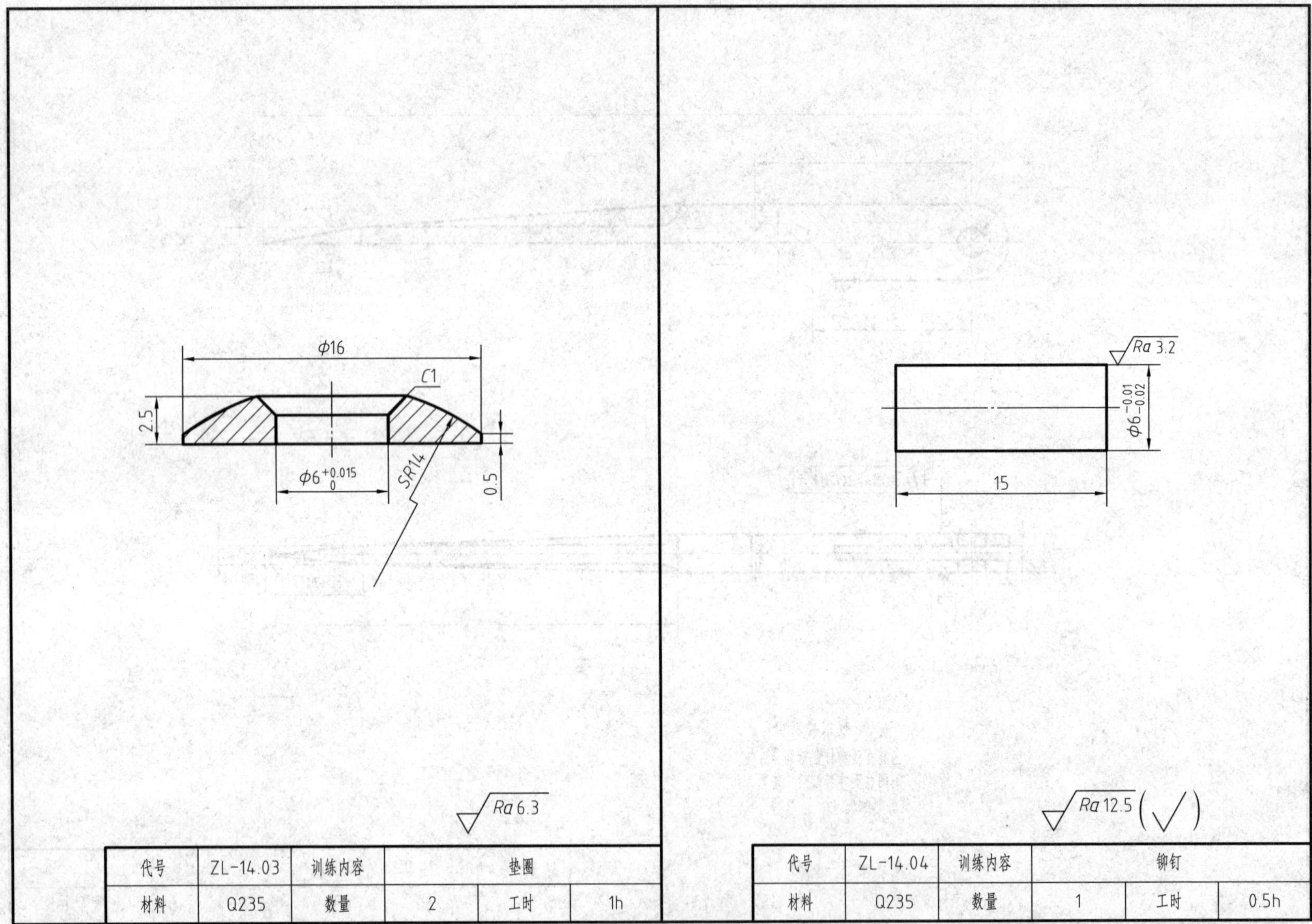

代号	ZL-14.03	训练内容	垫圈		
材料	Q235	数量	2	工时	1h

代号	ZL-14.04	训练内容	铆钉		
材料	Q235	数量	1	工时	0.5h

5. 螺钉

6. 紧固螺栓

11.5
2
8
5
1
1
φ7
φ4 0 −0.2
M3
C0.5
C0.5
Ra 6.3
代号
ZL-14.05
训练内容
螺钉
材料
Q235
数量
1
工时
1.5h
15.5
3
0.5
9
6
15°
34°
φ10
φ6
M3
C0.5
R1
C0.5
直纹m0.3
GB/T 6403.3—2008
Ra 6.3
代号
ZL-14.06
训练内容
紧固螺栓
材料
Q235
数量
1
工时
2h

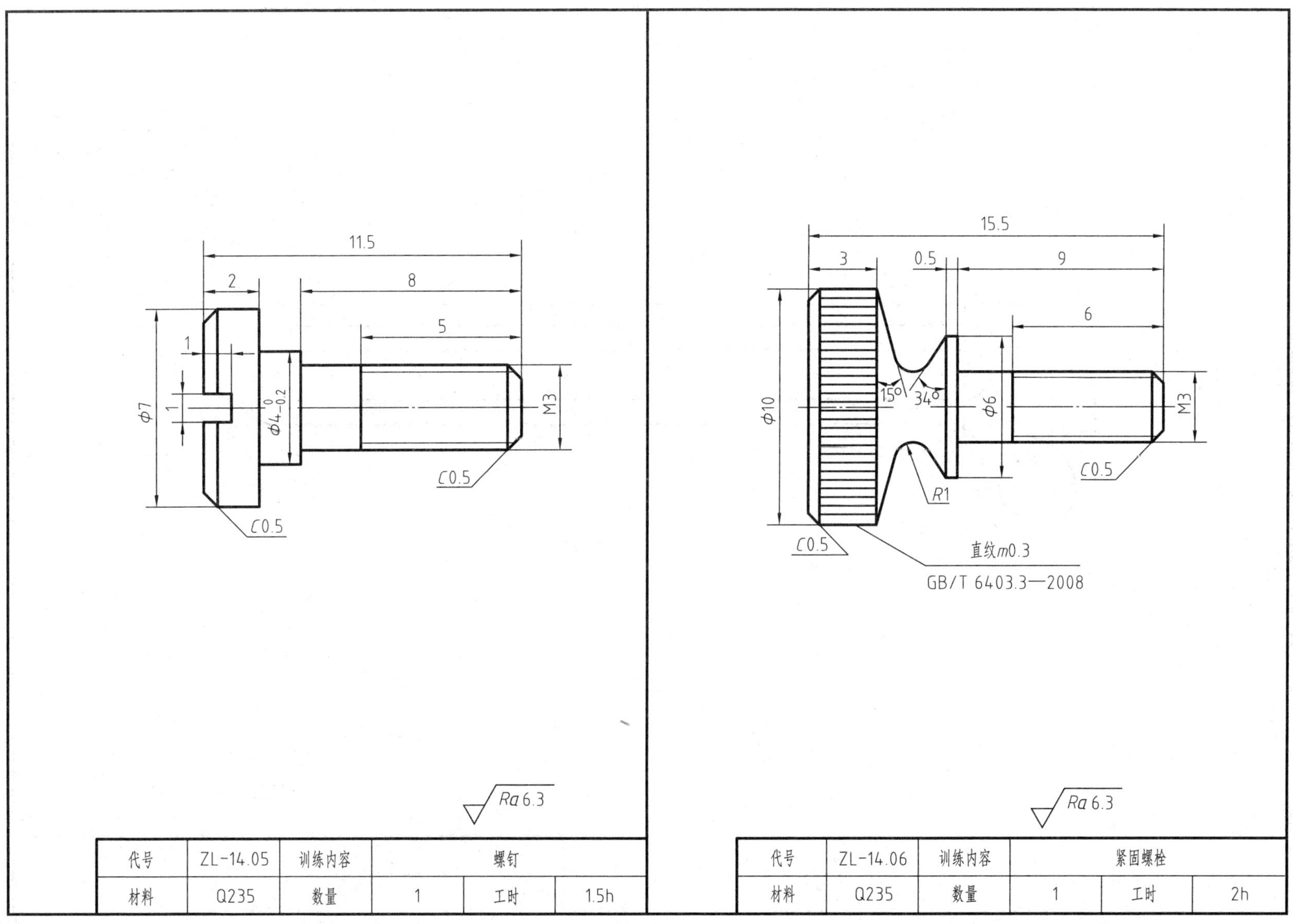

7. 调节板

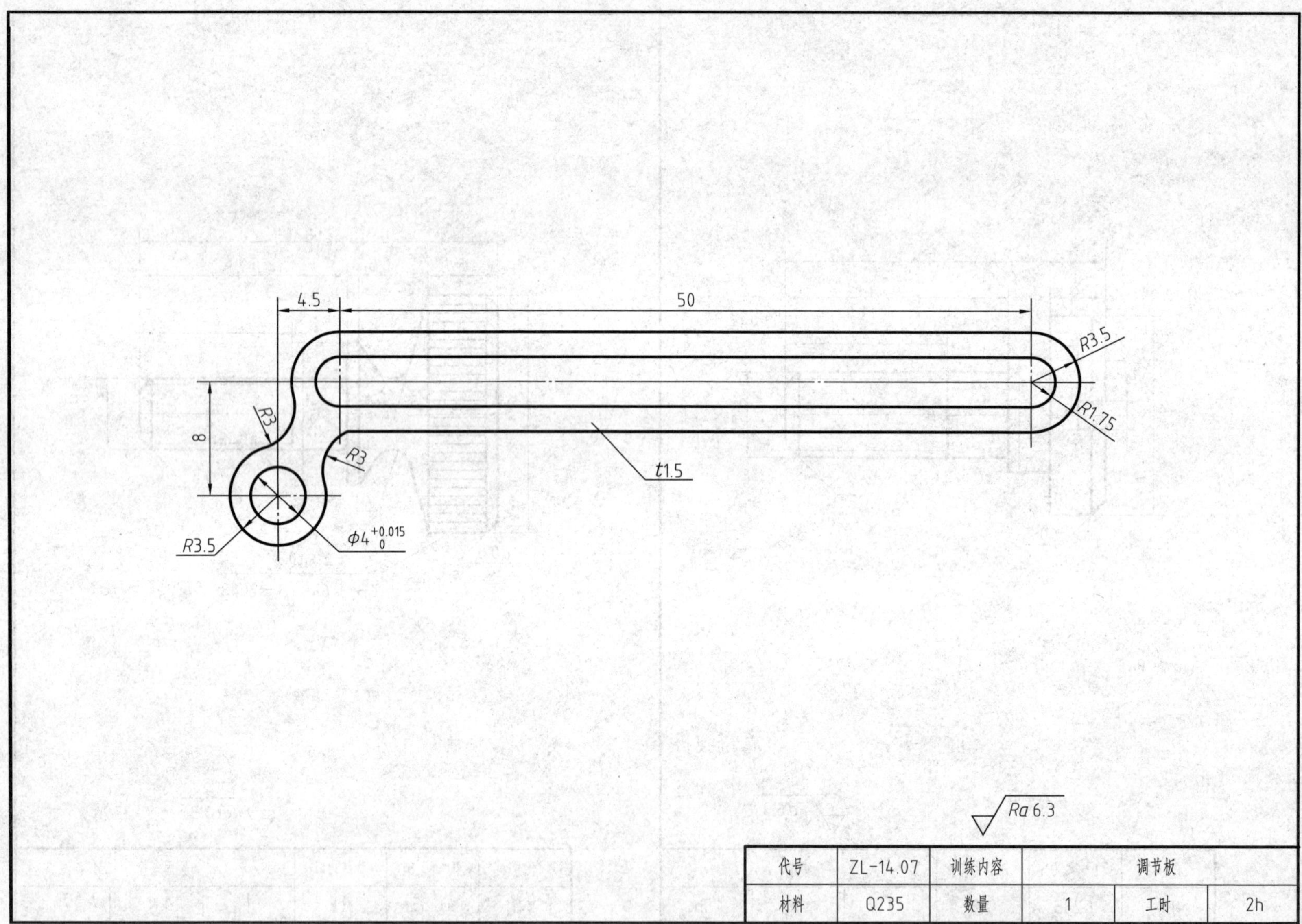

代号	ZL-14.07	训练内容	调节板		
材料	Q235	数量	1	工时	2h

十五、制作外卡钳

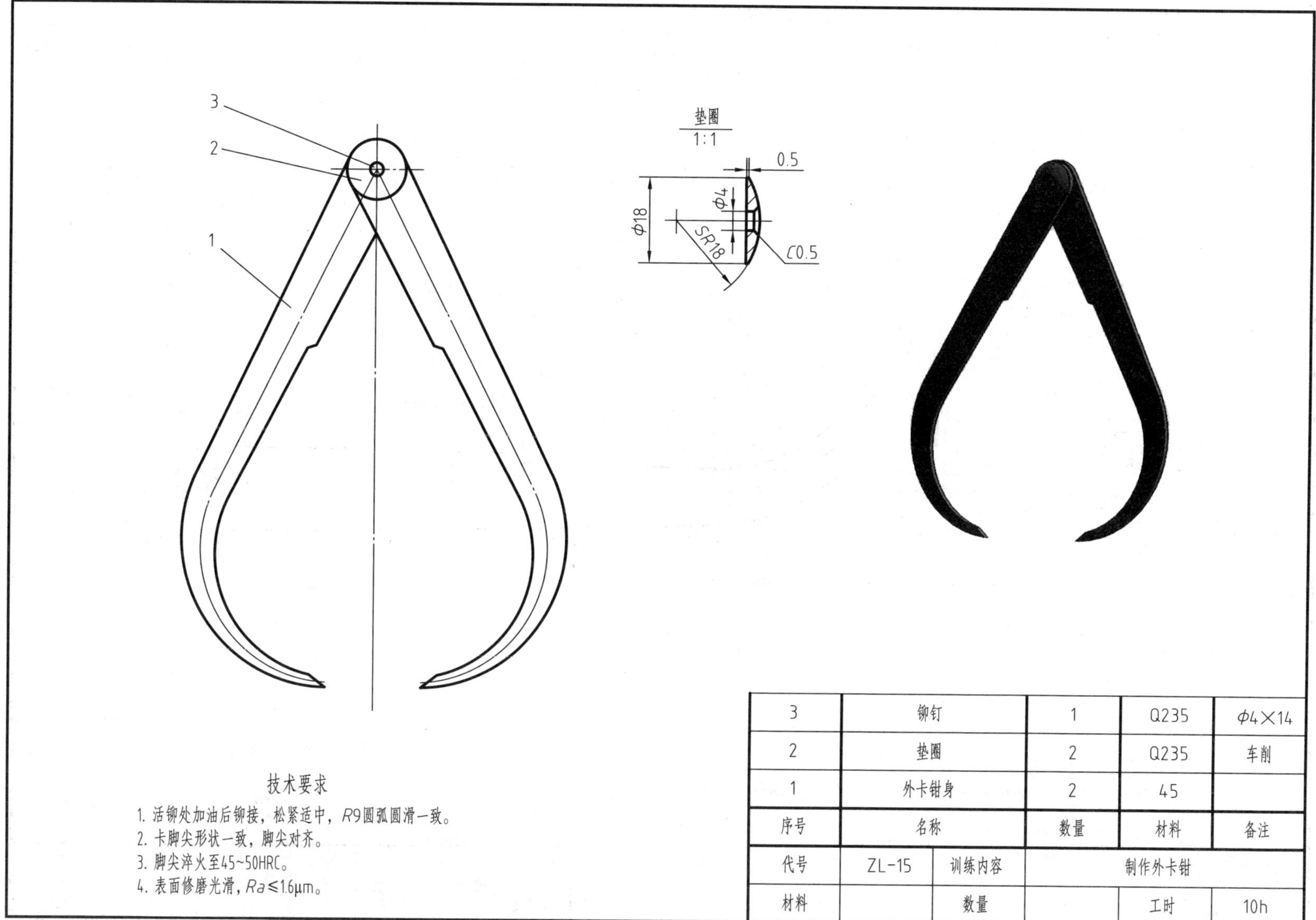

技术要求

1. 活铆处加油后铆接，松紧适中，$R9$圆弧圆滑一致。
2. 卡脚尖形状一致，脚尖对齐。
3. 脚尖淬火至45~50HRC。
4. 表面修磨光滑，$Ra \leq 1.6\mu m$。

序号	名称		数量	材料	备注
3	铆钉		1	Q235	Φ4×14
2	垫圈		2	Q235	车削
1	外卡钳身		2	45	
代号	ZL-15	训练内容	制作外卡钳		
材料		数量		工时	10h

外卡钳身

55°
3
115°
R40
55
2
2±0.03
R9
2
16
φ4
84
107
技术要求
1. 铆接部位长30。
2. 卡脚弯曲半径R40正确，且两钳身外形尺寸一致，极限偏差为±0.2。
Ra 3.2
代号
ZL-15.01
训练内容
外卡钳身
材料
45
数量
2
工时
10h

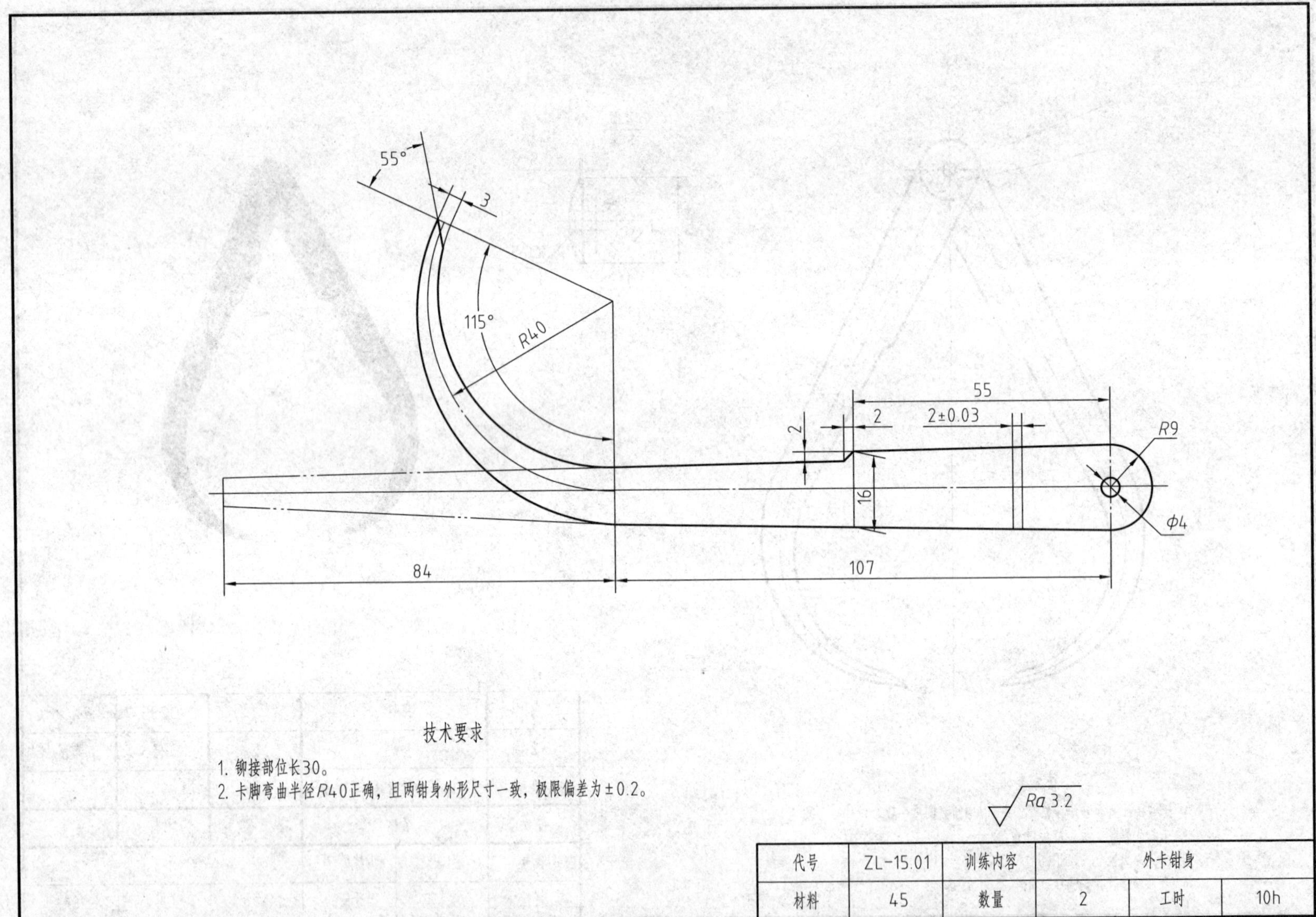

十六、制作内卡钳

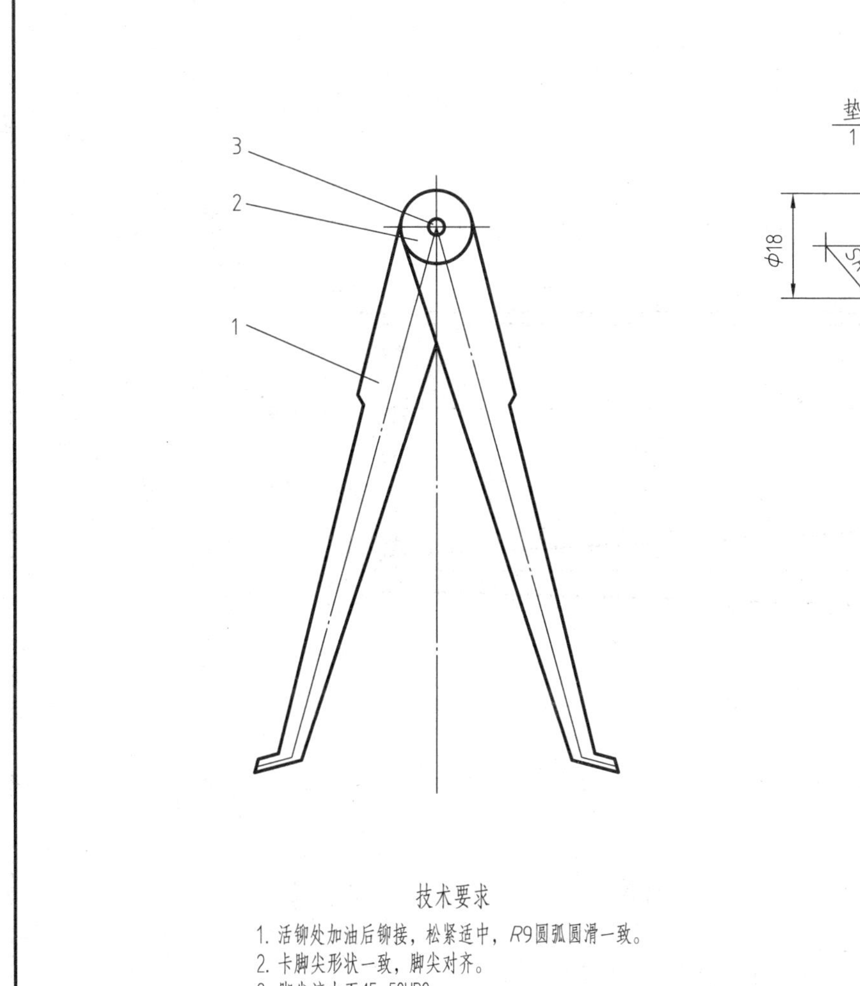

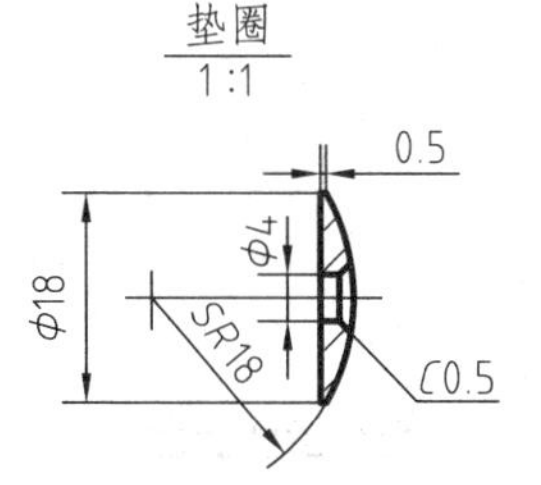

技术要求

1. 活铆处加油后铆接，松紧适中，R9圆弧圆滑一致。
2. 卡脚尖形状一致，脚尖对齐。
3. 脚尖淬火至45~50HRC。
4. 表面修磨光滑，Ra≤1.6μm。

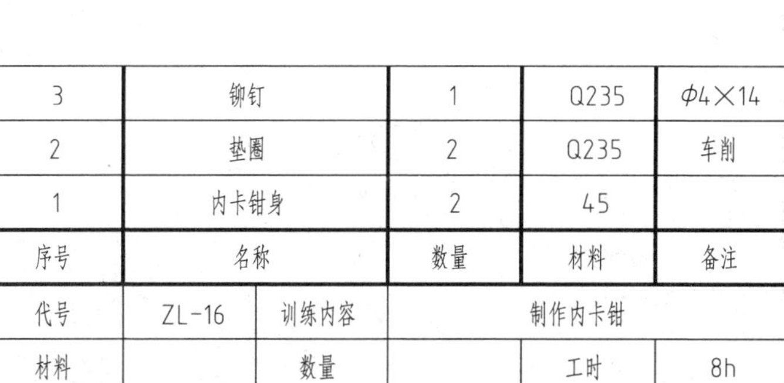

3	铆钉		1	Q235	ϕ4×14
2	垫圈		2	Q235	车削
1	内卡钳身		2	45	
序号	名称		数量	材料	备注
代号	ZL-16	训练内容	制作内卡钳		
材料		数量		工时	8h

内卡钳身

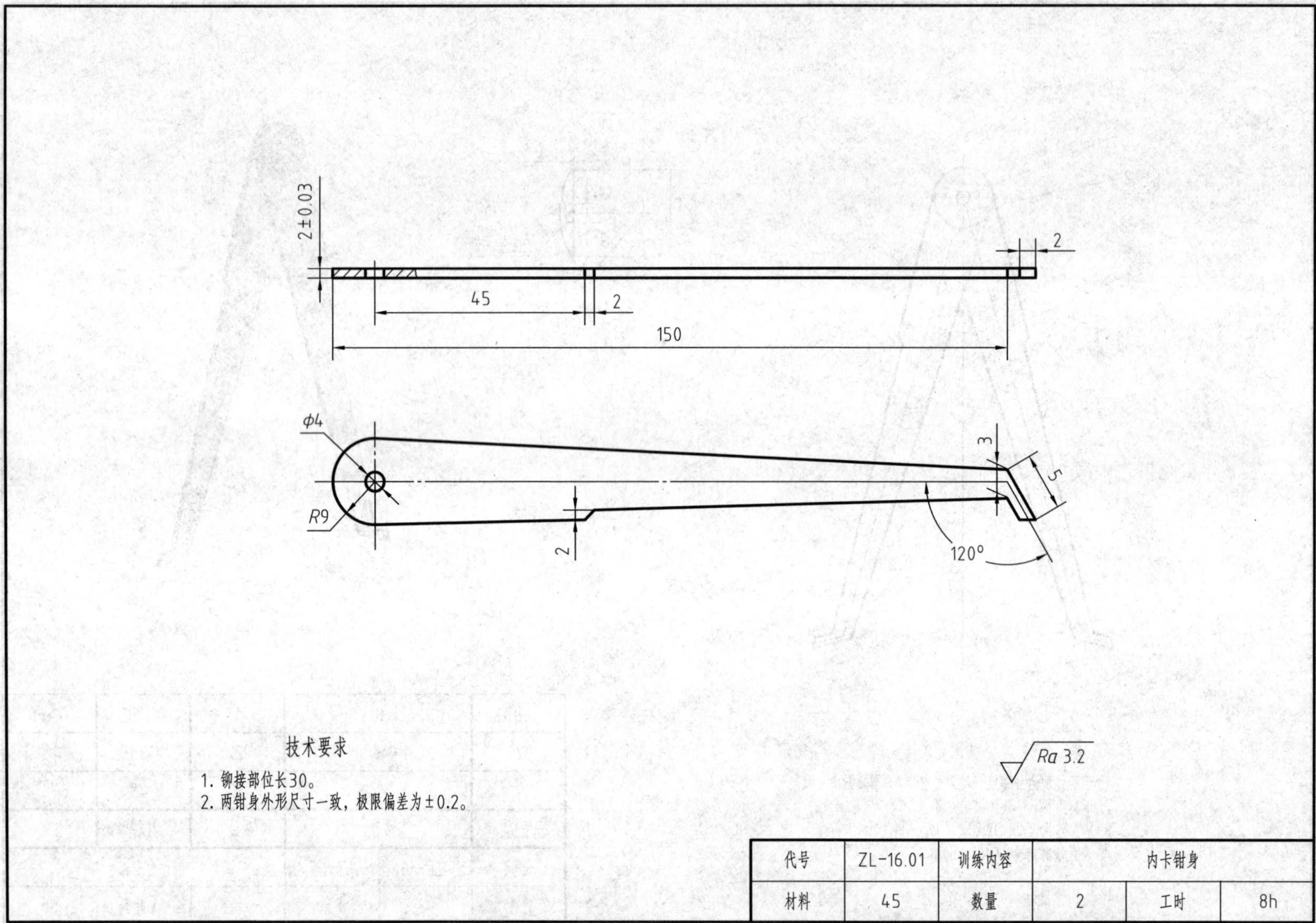

代号	ZL-16.01	训练内容	内卡钳身		
材料	45	数量	2	工时	8h

十七、制作刀口形直尺

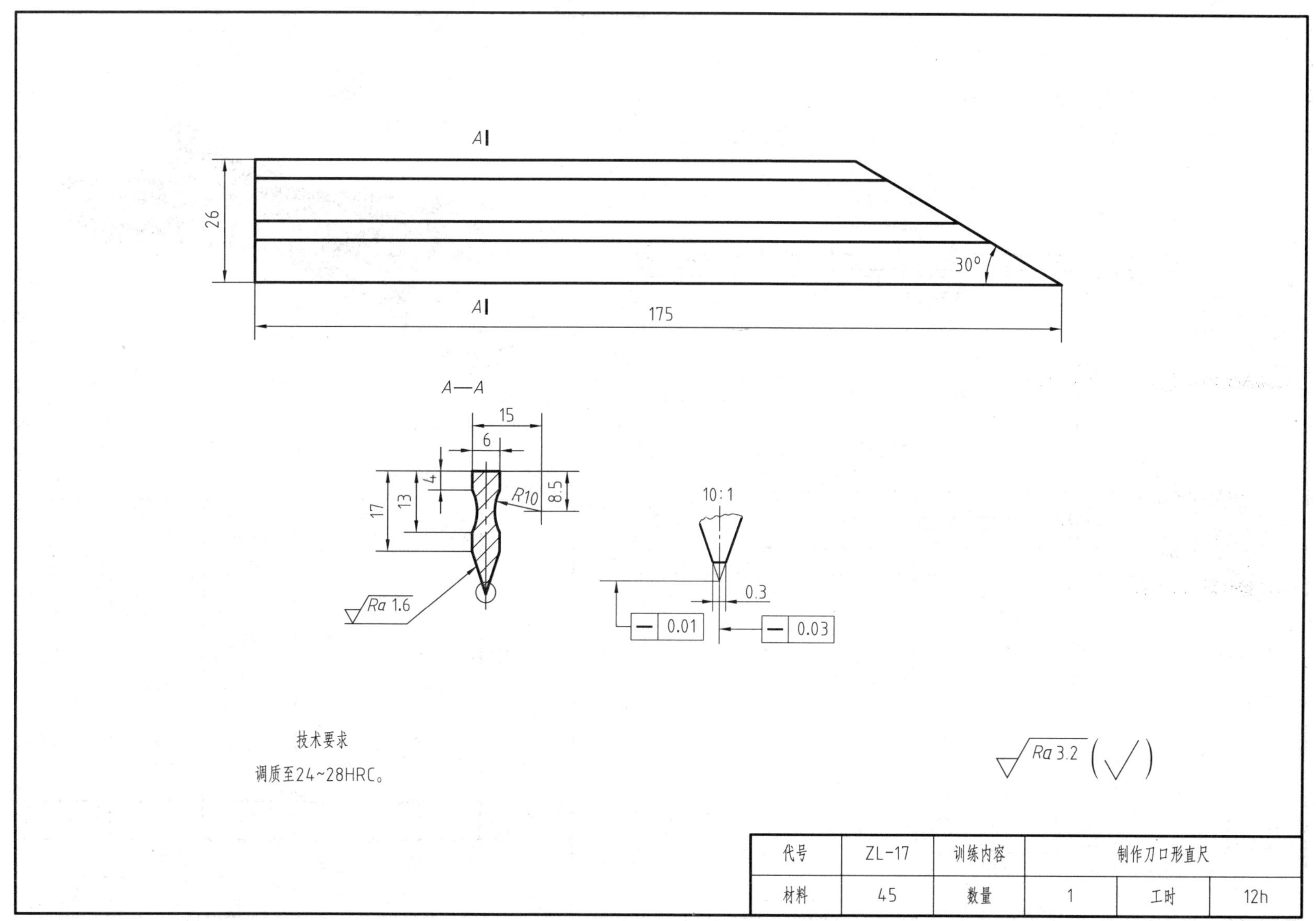

代号	ZL-17	训练内容	制作刀口形直尺		
材料	45	数量	1	工时	12h

十八、制作活络角尺

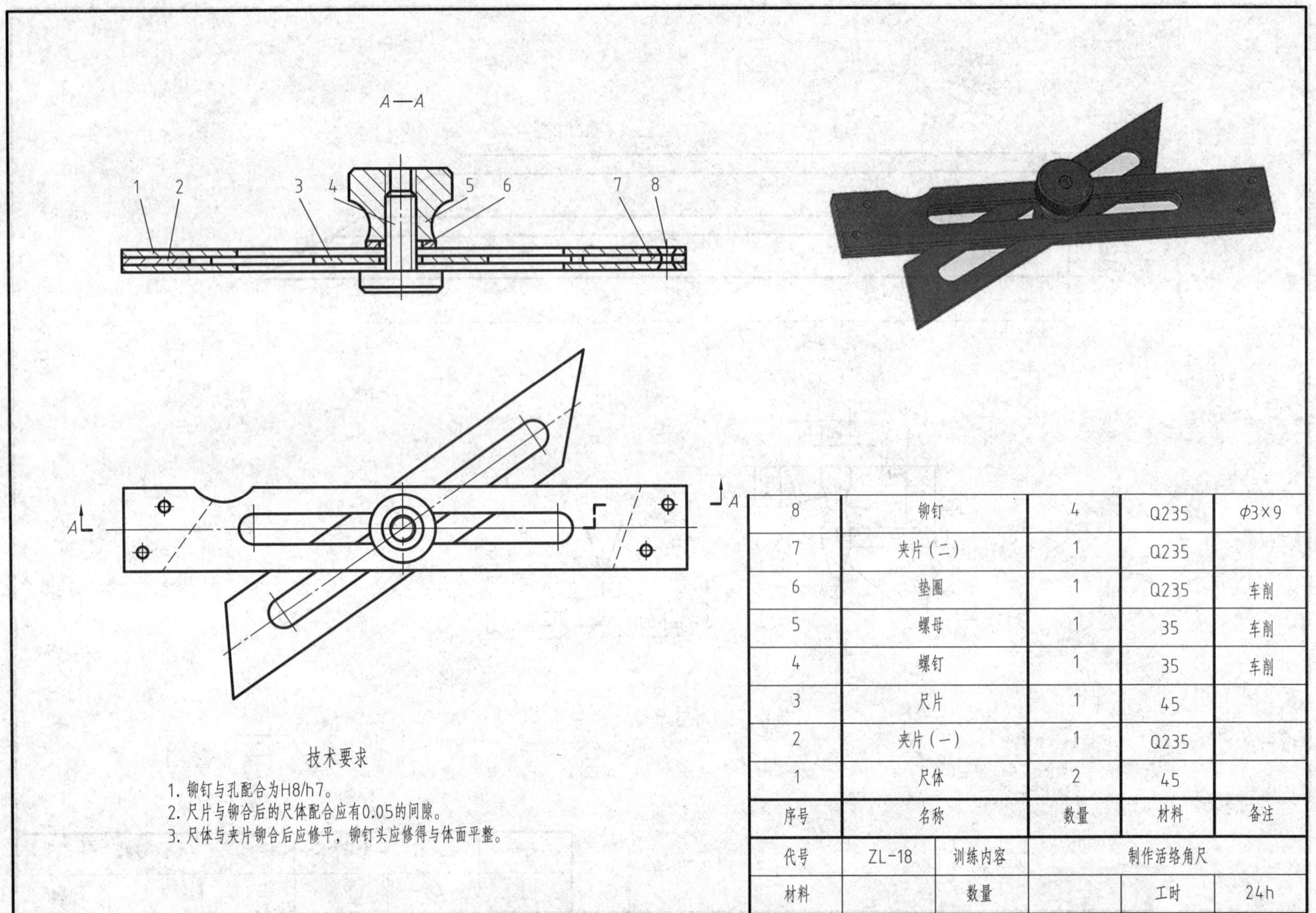

序号	名称	数量	材料	备注
8	铆钉	4	Q235	$\phi3\times9$
7	夹片（二）	1	Q235	
6	垫圈	1	Q235	车削
5	螺母	1	35	车削
4	螺钉	1	35	车削
3	尺片	1	45	
2	夹片（一）	1	Q235	
1	尺体	2	45	

代号	ZL-18	训练内容	制作活络角尺	
材料		数量	工时	24h

1. 尺体

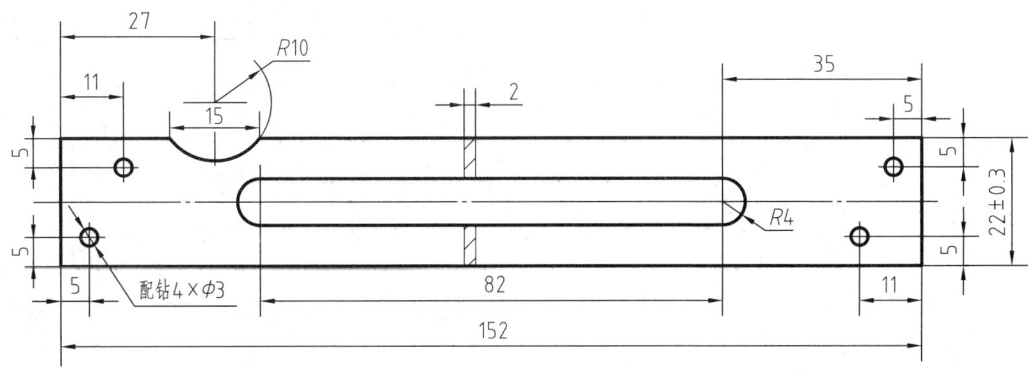

技术要求

1. 两尺体外形尺寸公差应保持一致。
2. R10凹圆弧应圆滑。
3. 左、右尺体Φ3外孔口均倒角C0.5。

Ra 3.2

代号	ZL-18.01	训练内容	尺体		
材料	45	数量	2	工时	10h

2. 尺片

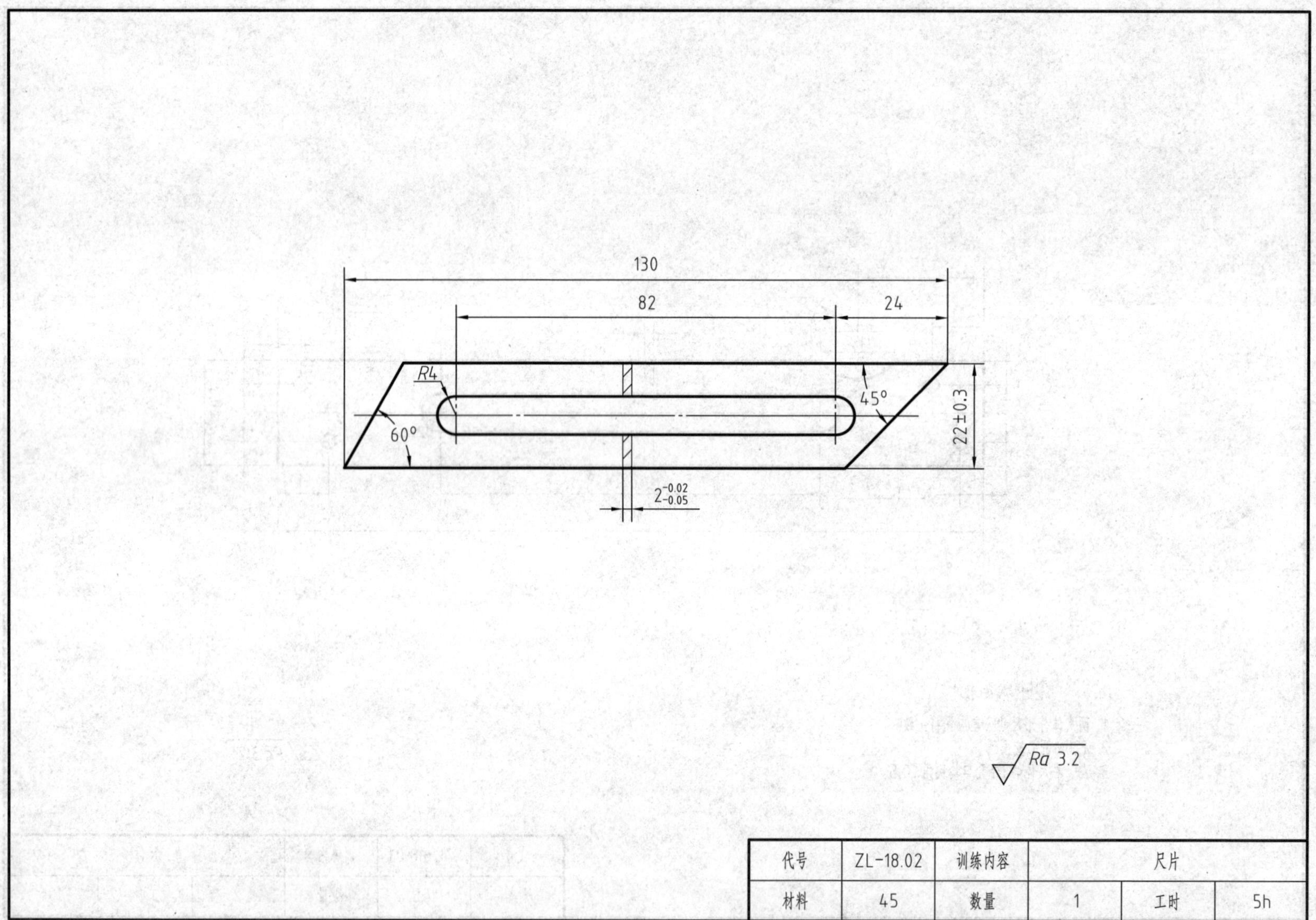

代号	ZL-18.02	训练内容	尺片		
材料	45	数量	1	工时	5h

3. 夹片（一）

4. 夹片（二）

2×ϕ3
与尺体配钻
5
5
22±0.3
5
45°
11
32
$2^{+0.05}_{0}$
Ra 3.2
代号
ZL-18.03
训练内容
夹片（一）
材料
Q235
数量
1
工时
1.5h
2×ϕ3
与尺体配钻
5
5
22±0.3
5
60°
11
21
$2^{+0.05}_{0}$
Ra 3.2
代号
ZL-18.04
训练内容
夹片（二）
材料
Q235
数量
1
工时
1.5h

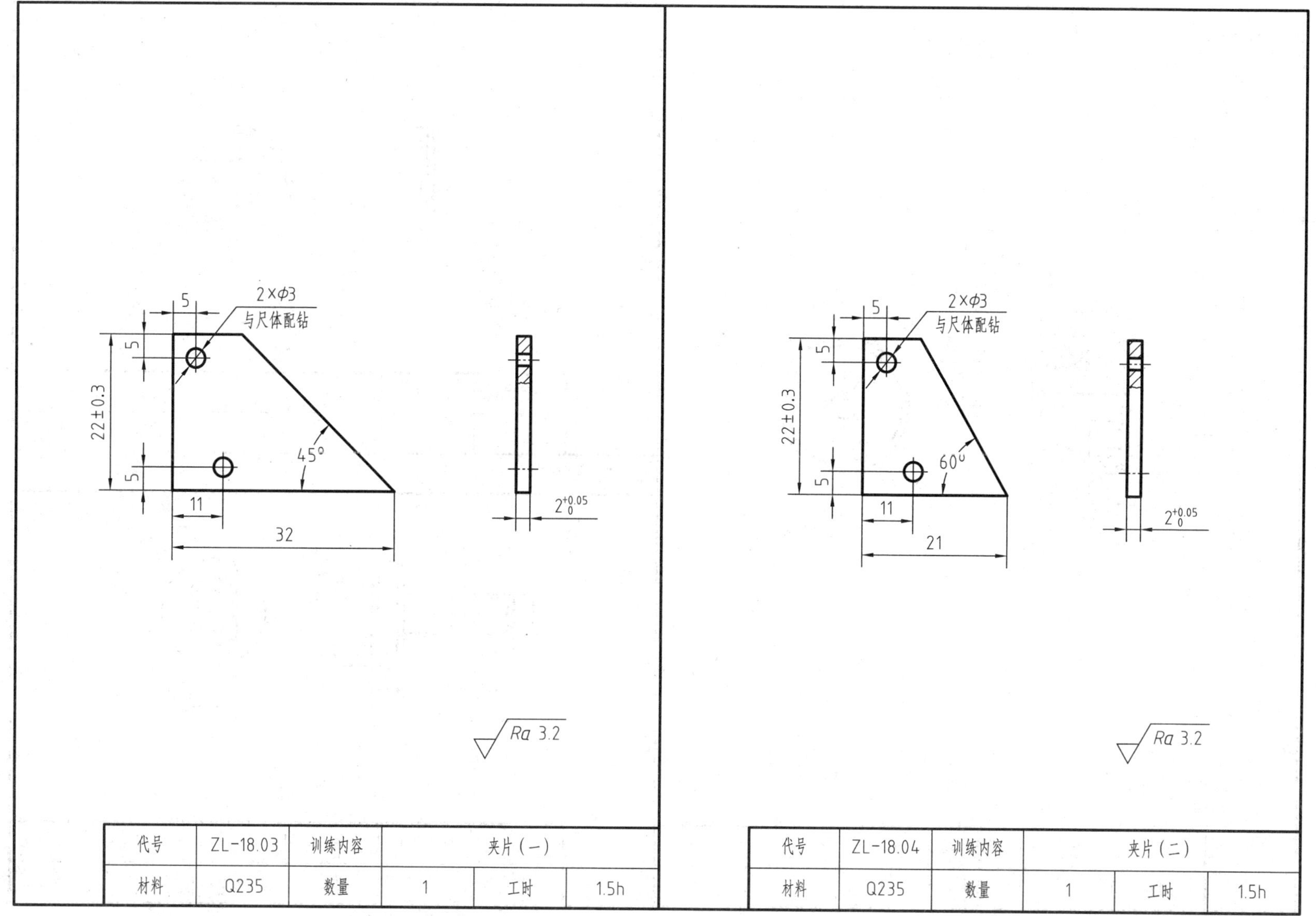

5. 螺母

6. 垫圈

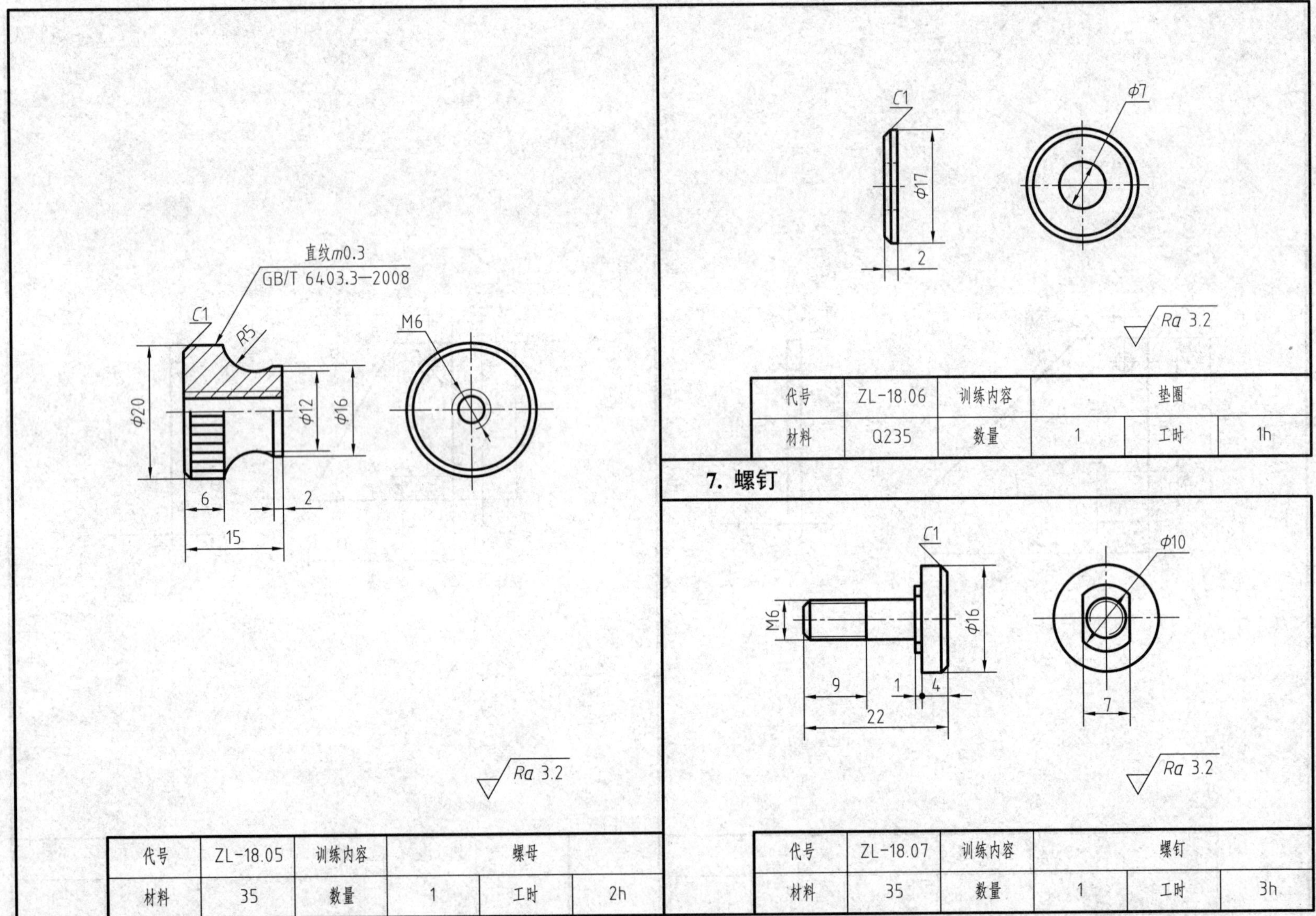

代号	ZL-18.05	训练内容	螺母		
材料	35	数量	1	工时	2h

代号	ZL-18.06	训练内容	垫圈		
材料	Q235	数量	1	工时	1h

7. 螺钉

代号	ZL-18.07	训练内容	螺钉		
材料	35	数量	1	工时	3h

十九、制作錾口锤子

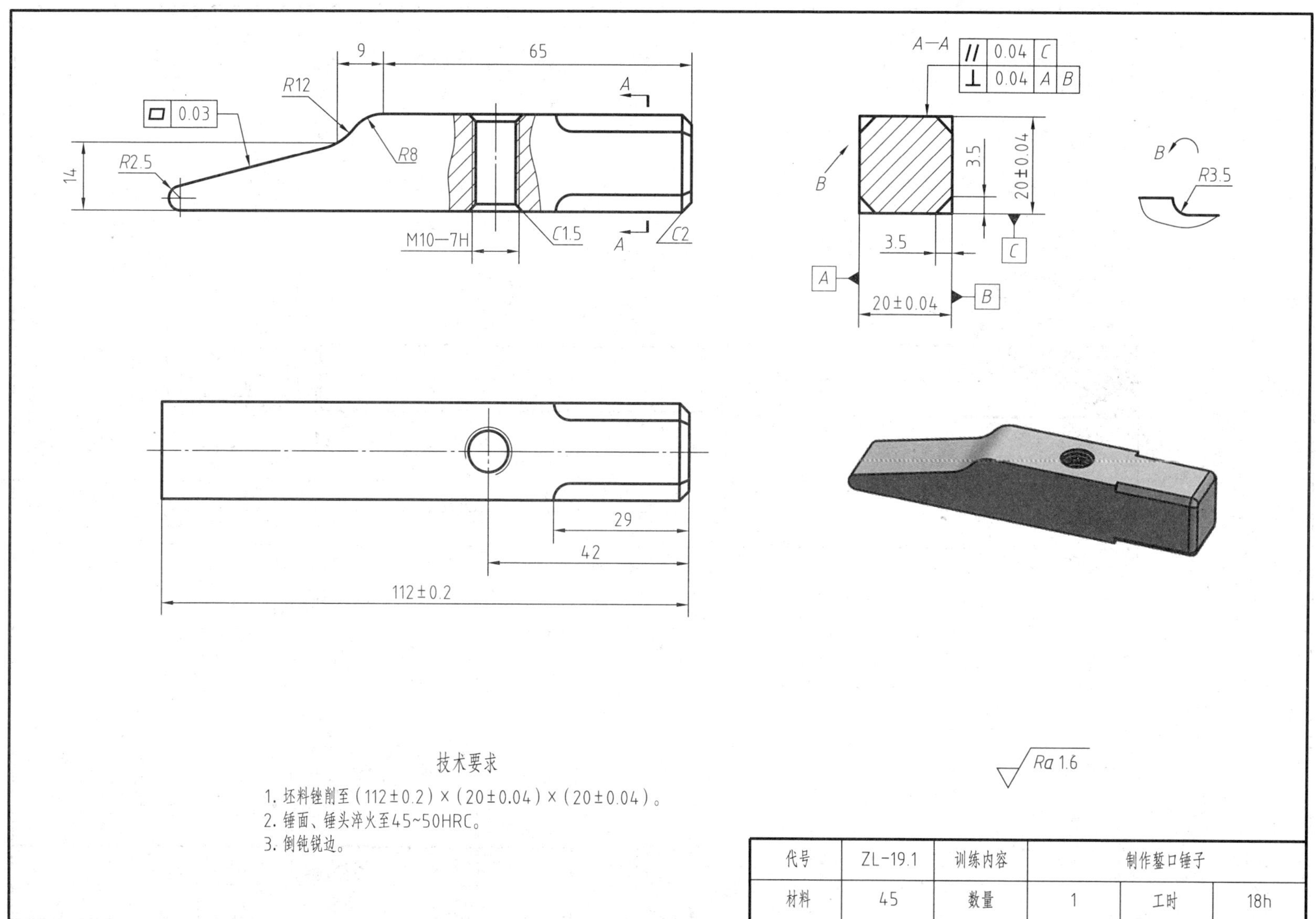

代号	ZL-19.1	训练内容	制作錾口锤子		
材料	45	数量	1	工时	18h

锤柄

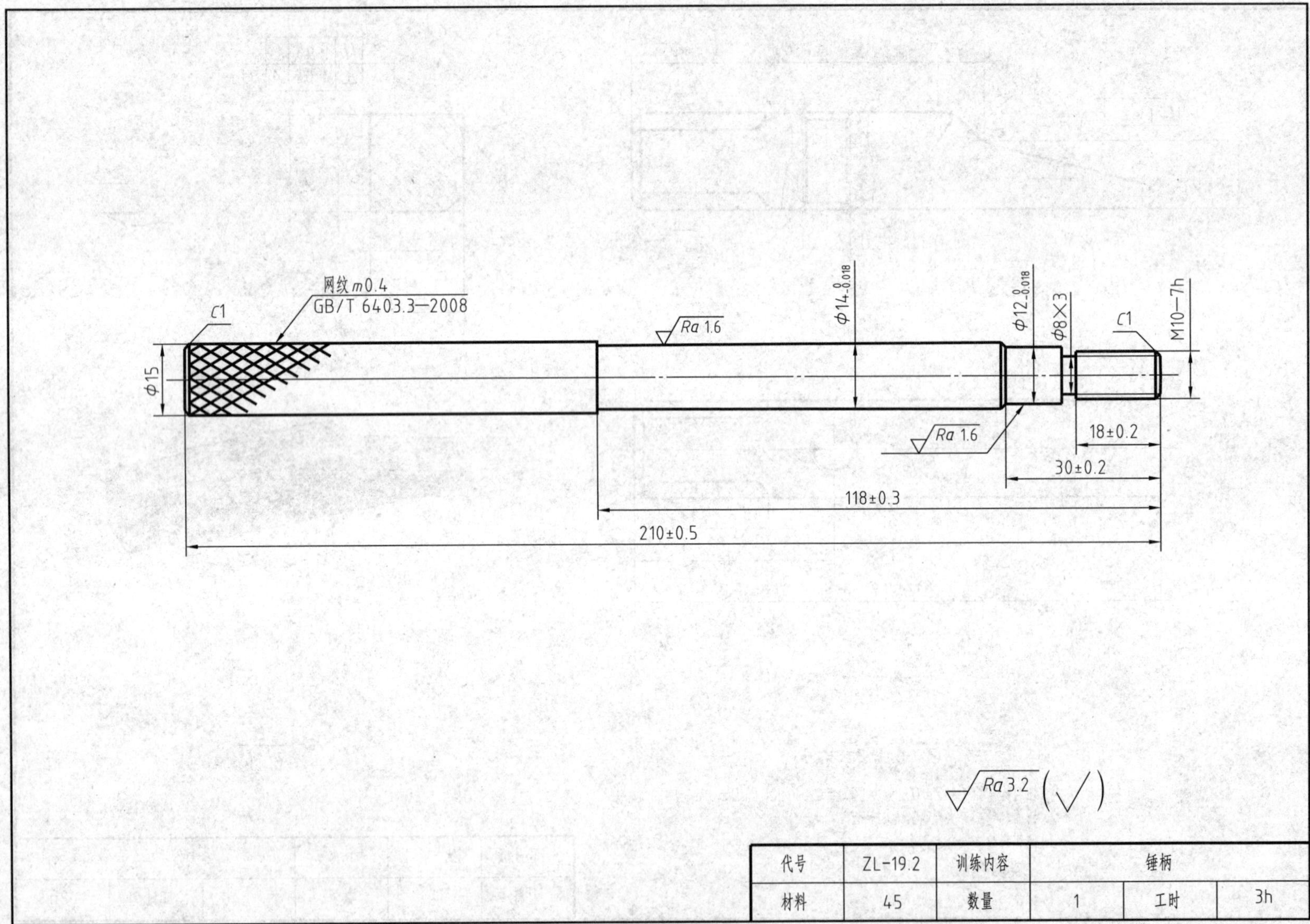

代号	ZL-19.2	训练内容	锤柄		
材料	45	数量	1	工时	3h

鉴定考核篇

一、初级工职业技能鉴定考核应会试题 1——五角开口锉配

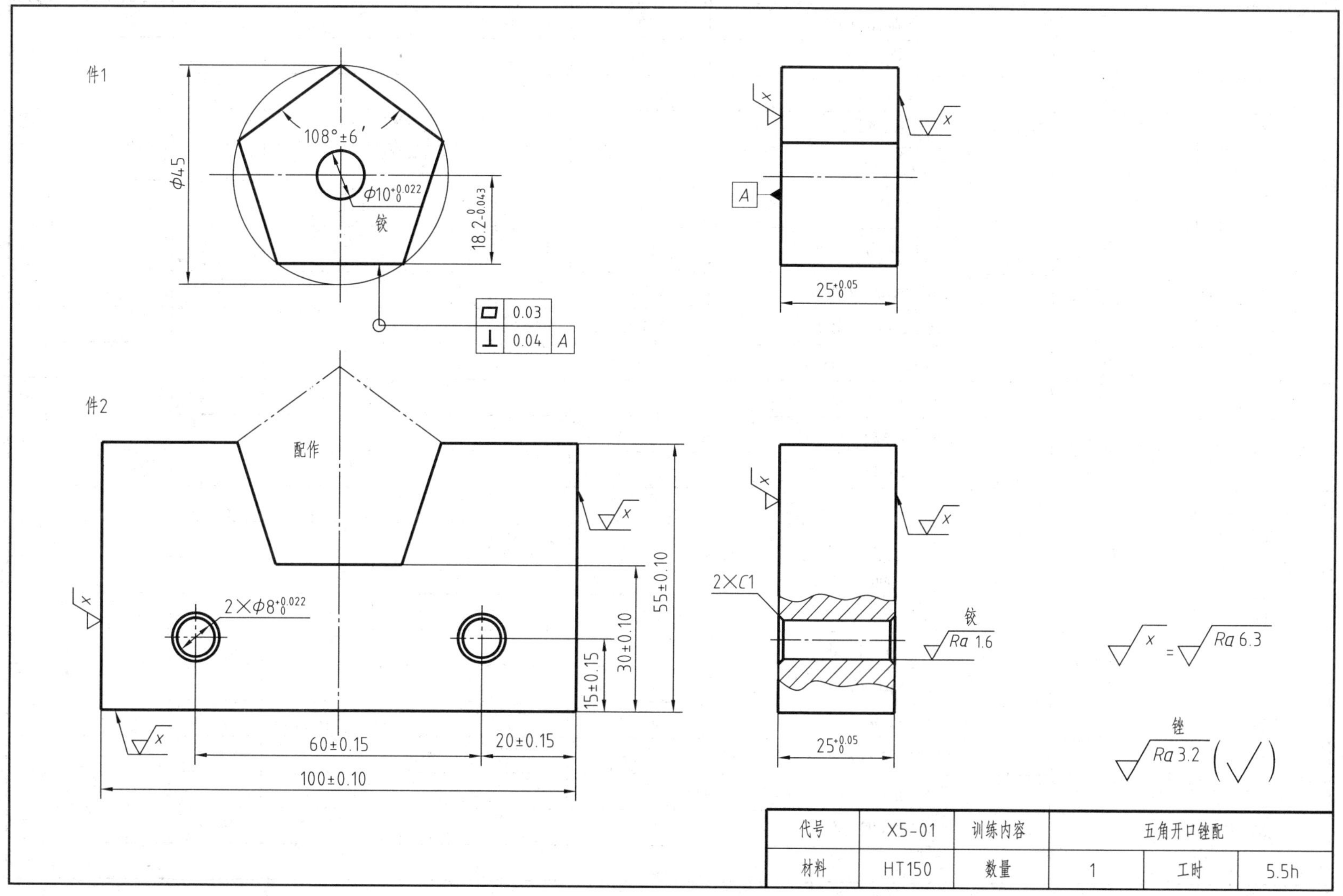

代号	X5-01	训练内容	五角开口锉配		
材料	HT150	数量	1	工时	5.5h

X5–01 评分表

考件名称		五角开口锉配	材料	HT150	等级	初级	工时	5.5 h	总分	
项次		考核内容		配分	检验与考核记录			扣分	得分	
1	件 1	$18.2_{-0.043}^{0}$ mm		5						
2		$\phi45$ mm		5						
3		$25_{0}^{+0.05}$ mm		5						
4		$\phi10_{0}^{+0.022}$ mm		5						
5		108° ± 6′		5						
6		⏥ 0.03 （5 处）		1 × 5						
7		⊥ 0.04 A （5 处）		1 × 5						
8		*Ra*6.3 μm（2 处）		0.5 × 2						
9		*Ra*3.2 μm（5 处）		0.5 × 5						
10	件 2	（100 ± 0.10）mm		5						
11		（60 ± 0.15）mm		5						
12		（20 ± 0.15）mm		5						
13		（15 ± 0.15）mm		5						
14		（30 ± 0.10）mm		5						
15		（55 ± 0.10）mm		5						
16		$\phi8_{0}^{+0.022}$ mm（2 处）		4 × 2						
17		*C*1 mm（4 处）		0.5 × 4						
18		*Ra*6.3 μm（5 处）		0.5 × 5						
19		*Ra*1.6 μm（2 处）		0.5 × 2						
20		*Ra*3.2 μm（5 处）		0.5 × 5						
21	配合	配合间隙≤ 0.12 mm（3 处）		2 × 3						
22		互换配合间隙≤ 0.12 mm		4.5						
23	其他	安全文明生产		5						
备注										

二、初级工职业技能鉴定考核应会试题 2——拼接块间接锉配

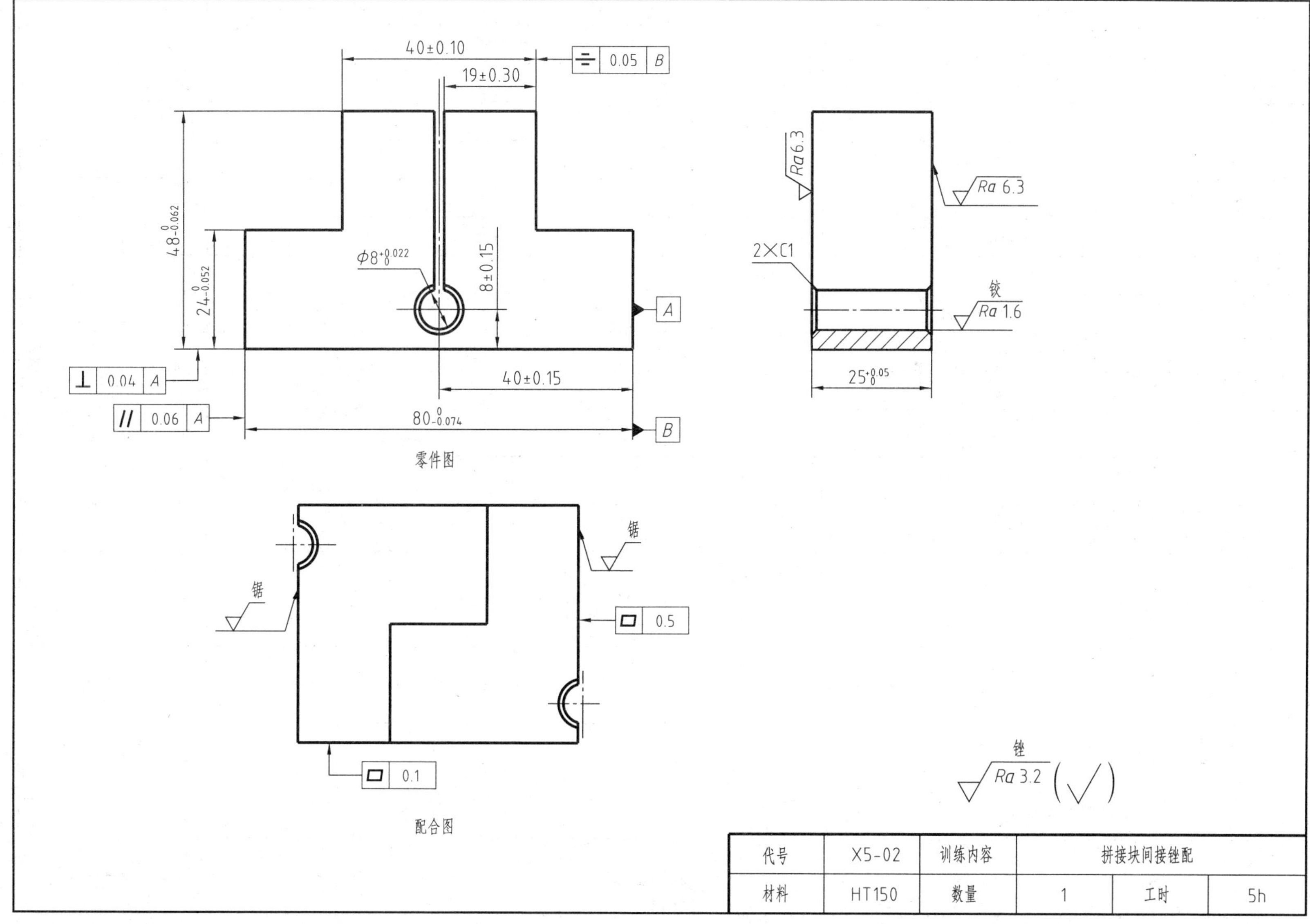

代号	X5-02	训练内容	拼接块间接锉配		
材料	HT150	数量	1	工时	5h

X5–02 评分表

考件名称	拼接块间接锉配	材料	HT150	等级	初级	工时	5 h	总分	
项次	考核内容		配分	检验与考核记录			扣分	得分	
1	$80_{-0.074}^{0}$ mm		5						
2	$48_{-0.062}^{0}$ mm		5						
3	$25_{0}^{+0.05}$ mm		5						
4	$24_{-0.052}^{0}$ mm		5						
5	（40 ± 0.10）mm		5						
6	（19 ± 0.30）mm		5						
7	（40 ± 0.15）mm		5						
8	（8 ± 0.15）mm		5						
9	$\phi 8_{0}^{+0.022}$ mm		5						
10	// 0.06 A		4						
11	⊥ 0.04 A		4						
12	⌯ 0.05 B		4						
13	▱ 0.1		4						
14	▱ 0.5		4						
15	$C1$ mm（2 处）		2 × 2						
16	$Ra1.6$ μm		3						
17	$Ra6.3$ μm（2 处）		2 × 2						
18	$Ra3.2$ μm（9 处）		1 × 9						
19	配合间隙≤ 0.1 mm		10						
20	安全文明生产		5						
备注									

三、初级工职业技能鉴定考核应会试题 3——凹凸锉配

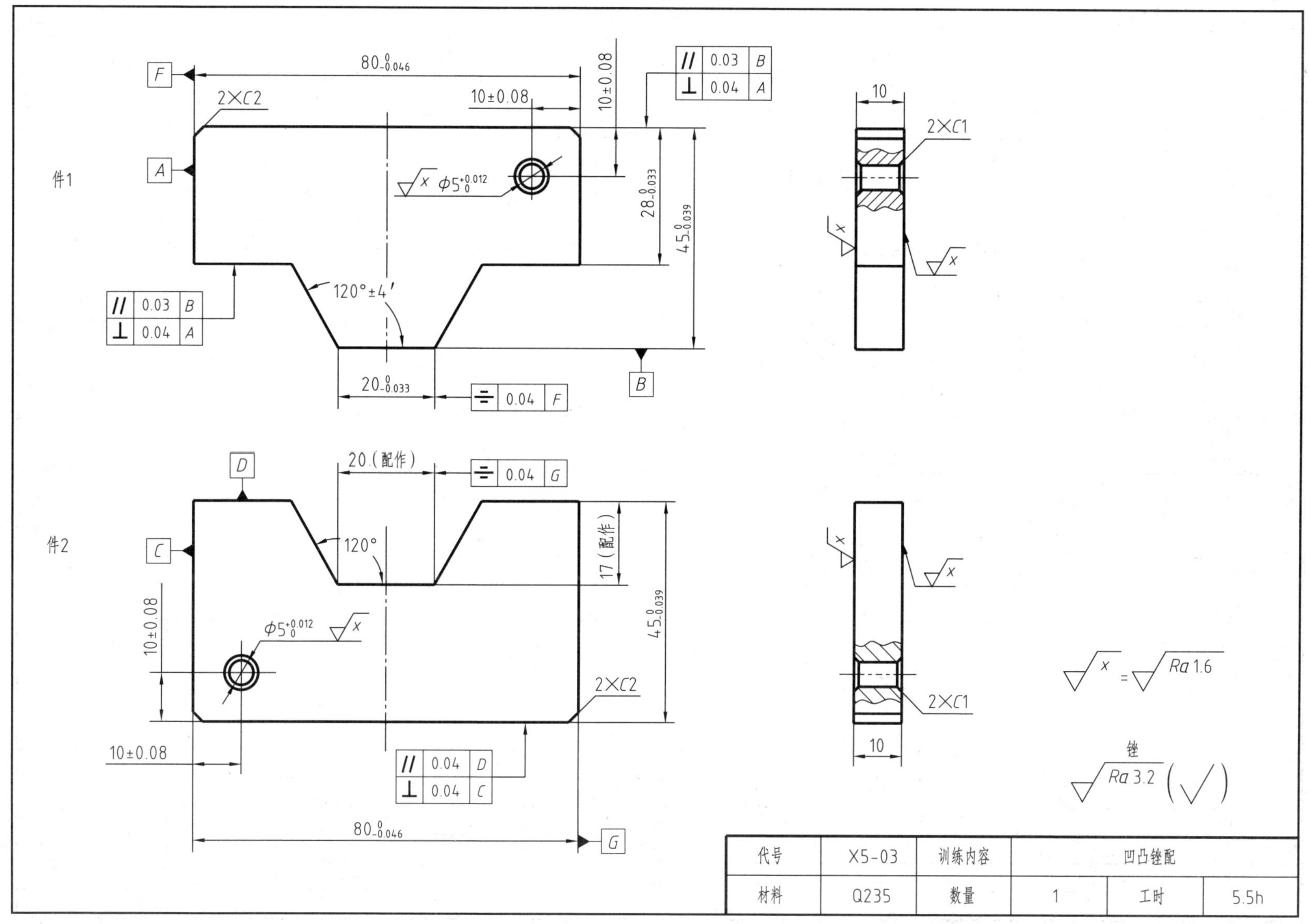

代号	X5-03	训练内容	凹凸锉配		
材料	Q235	数量	1	工时	5.5h

X5–03 评分表

<table>
<tr><td colspan="2">考件名称</td><td>凹凸锉配</td><td>材料 Q235</td><td>等级 初级</td><td>工时 5.5 h</td><td>总分</td></tr>
<tr><td colspan="2">项次</td><td>考核内容</td><td>配分</td><td>检验与考核记录</td><td>扣分</td><td>得分</td></tr>
<tr><td>1</td><td rowspan="14">件 1</td><td>$28_{-0.033}^{0}$ mm</td><td>4</td><td></td><td></td><td></td></tr>
<tr><td>2</td><td>$45_{-0.039}^{0}$ mm</td><td>4</td><td></td><td></td><td></td></tr>
<tr><td>3</td><td>$80_{-0.046}^{0}$ mm</td><td>4</td><td></td><td></td><td></td></tr>
<tr><td>4</td><td>$20_{-0.033}^{0}$ mm</td><td>4</td><td></td><td></td><td></td></tr>
<tr><td>5</td><td>（10 ± 0.08）mm（2 处）</td><td>2 × 2</td><td></td><td></td><td></td></tr>
<tr><td>6</td><td>$\phi 5_{0}^{+0.012}$ mm</td><td>4</td><td></td><td></td><td></td></tr>
<tr><td>7</td><td>120° ± 4′</td><td>4</td><td></td><td></td><td></td></tr>
<tr><td>8</td><td>∥ 0.03 B（2 处）</td><td>2 × 2</td><td></td><td></td><td></td></tr>
<tr><td>9</td><td>⊥ 0.04 A（2 处）</td><td>2 × 2</td><td></td><td></td><td></td></tr>
<tr><td>10</td><td>⌯ 0.04 F</td><td>2 × 2</td><td></td><td></td><td></td></tr>
<tr><td>11</td><td>C2 mm（2 处）</td><td>0.5 × 2</td><td></td><td></td><td></td></tr>
<tr><td>12</td><td>C1 mm（2 处）</td><td>0.5 × 2</td><td></td><td></td><td></td></tr>
<tr><td>13</td><td>Ra1.6 μm（3 处）</td><td>1 × 3</td><td></td><td></td><td></td></tr>
<tr><td>14</td><td>Ra3.2 μm（8 处）</td><td>0.5 × 8</td><td></td><td></td><td></td></tr>
<tr><td>15</td><td rowspan="11">件 2</td><td>$45_{-0.039}^{0}$ mm</td><td>4</td><td></td><td></td><td></td></tr>
<tr><td>16</td><td>$80_{-0.046}^{0}$ mm</td><td>4</td><td></td><td></td><td></td></tr>
<tr><td>17</td><td>（10 ± 0.08）mm（2 处）</td><td>2 × 2</td><td></td><td></td><td></td></tr>
<tr><td>18</td><td>$\phi 5_{0}^{+0.012}$ mm</td><td>4</td><td></td><td></td><td></td></tr>
<tr><td>19</td><td>∥ 0.04 D</td><td>2</td><td></td><td></td><td></td></tr>
<tr><td>20</td><td>⊥ 0.04 C</td><td>2</td><td></td><td></td><td></td></tr>
<tr><td>21</td><td>⌯ 0.04 D</td><td>2</td><td></td><td></td><td></td></tr>
<tr><td>22</td><td>C2 mm（2 处）</td><td>0.5 × 2</td><td></td><td></td><td></td></tr>
<tr><td>23</td><td>C1 mm（2 处）</td><td>0.5 × 2</td><td></td><td></td><td></td></tr>
<tr><td>24</td><td>Ra1.6 μm（3 处）</td><td>1 × 3</td><td></td><td></td><td></td></tr>
<tr><td>25</td><td>Ra3.2 μm（8 处）</td><td>0.5 × 8</td><td></td><td></td><td></td></tr>
<tr><td>26</td><td rowspan="2">配合</td><td>配合间隙≤ 0.06 mm（5 处）</td><td>2 × 5</td><td></td><td></td><td></td></tr>
<tr><td>27</td><td>互换配合间隙≤ 0.06 mm</td><td>5</td><td></td><td></td><td></td></tr>
<tr><td>28</td><td>其他</td><td>安全文明生产</td><td>5</td><td></td><td></td><td></td></tr>
<tr><td>备注</td><td colspan="6"></td></tr>
</table>

四、初级工职业技能鉴定考核应会试题 4——十字锉削

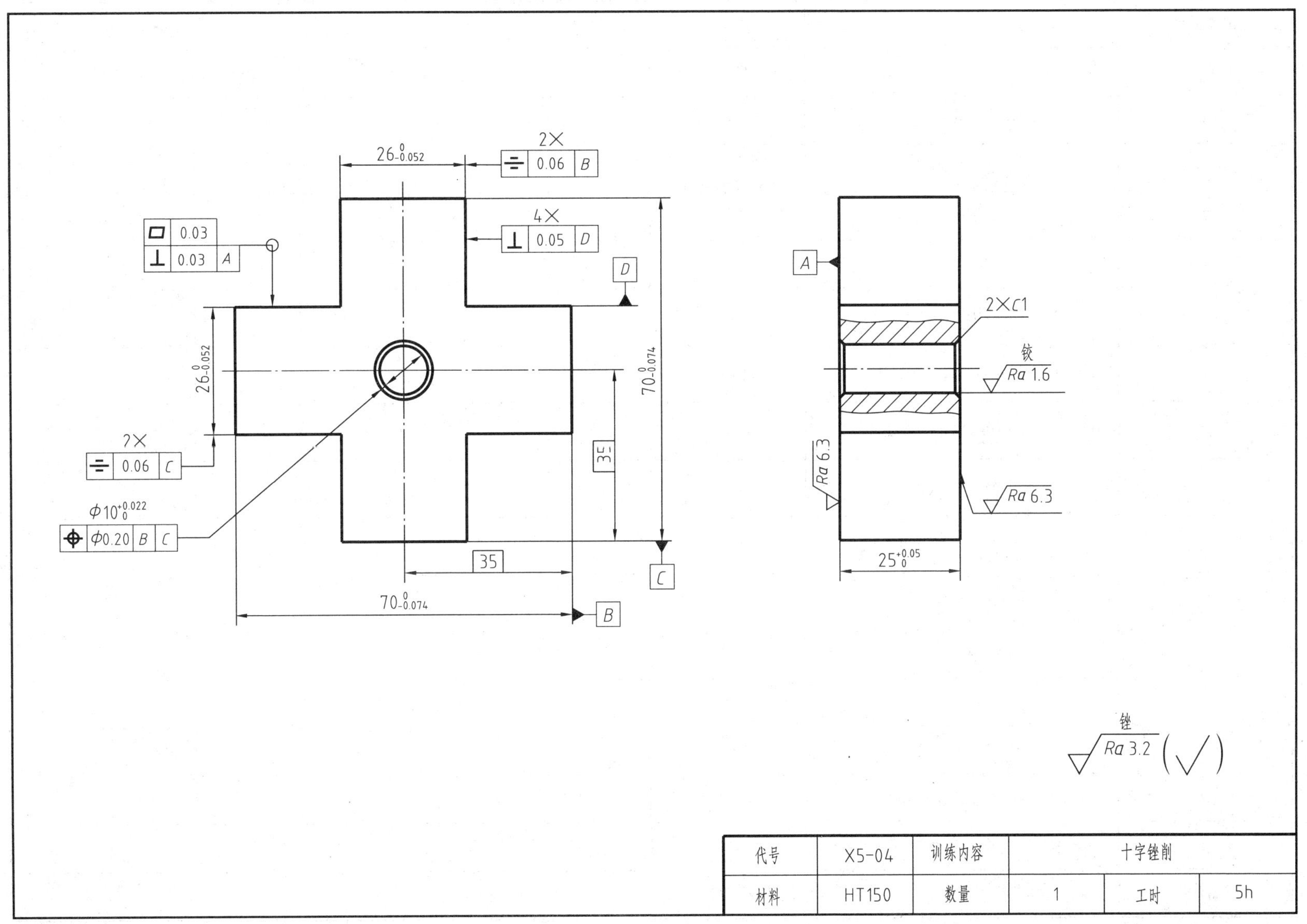

代号	X5-04	训练内容	十字锉削		
材料	HT150	数量	1	工时	5h

X5–04 评分表

<table>
<tr><td>考件名称</td><td>十字锉削</td><td>材料</td><td>HT150</td><td>等级</td><td>初级</td><td>工时</td><td>5 h</td><td>总分</td><td></td></tr>
<tr><td>项次</td><td colspan="2">考核内容</td><td>配分</td><td colspan="3">检验与考核记录</td><td>扣分</td><td colspan="2">得分</td></tr>
<tr><td>1</td><td colspan="2">$70_{-0.074}^{0}$ mm（2 处）</td><td>6 × 2</td><td colspan="3"></td><td></td><td colspan="2"></td></tr>
<tr><td>2</td><td colspan="2">$25_{0}^{+0.05}$ mm</td><td>6</td><td colspan="3"></td><td></td><td colspan="2"></td></tr>
<tr><td>3</td><td colspan="2">$26_{-0.052}^{0}$ mm（2 处）</td><td>6 × 2</td><td colspan="3"></td><td></td><td colspan="2"></td></tr>
<tr><td>4</td><td colspan="2">$\phi10_{0}^{+0.022}$ mm</td><td>6</td><td colspan="3"></td><td></td><td colspan="2"></td></tr>
<tr><td>5</td><td colspan="2">[⏥ | 0.03]（12 处）</td><td>1 × 12</td><td colspan="3"></td><td></td><td colspan="2"></td></tr>
<tr><td>6</td><td colspan="2">[⊥ | 0.03 | A]（12 处）</td><td>1 × 12</td><td colspan="3"></td><td></td><td colspan="2"></td></tr>
<tr><td>7</td><td colspan="2">[⊥ | 0.05 | D]（4 处）</td><td>1 × 4</td><td colspan="3"></td><td></td><td colspan="2"></td></tr>
<tr><td>8</td><td colspan="2">[⌯ | 0.06 | B]（2 处）</td><td>1 × 2</td><td colspan="3"></td><td></td><td colspan="2"></td></tr>
<tr><td>9</td><td colspan="2">[⌯ | 0.06 | C]（2 处）</td><td>1 × 2</td><td colspan="3"></td><td></td><td colspan="2"></td></tr>
<tr><td>10</td><td colspan="2">[⌖ | ϕ0.20 | A | B]</td><td>4</td><td colspan="3"></td><td></td><td colspan="2"></td></tr>
<tr><td>11</td><td colspan="2">C1 mm（2 处）</td><td>1 × 2</td><td colspan="3"></td><td></td><td colspan="2"></td></tr>
<tr><td>12</td><td colspan="2">Ra1.6 μm</td><td>3</td><td colspan="3"></td><td></td><td colspan="2"></td></tr>
<tr><td>13</td><td colspan="2">Ra6.3 μm（2 处）</td><td>3 × 2</td><td colspan="3"></td><td></td><td colspan="2"></td></tr>
<tr><td>14</td><td colspan="2">Ra3.2 μm（12 处）</td><td>1 × 12</td><td colspan="3"></td><td></td><td colspan="2"></td></tr>
<tr><td>15</td><td colspan="2">安全文明生产</td><td>5</td><td colspan="3"></td><td></td><td colspan="2"></td></tr>
<tr><td>备注</td><td colspan="9"></td></tr>
</table>

五、初级工职业技能鉴定考核应会试题 5——燕尾锉配

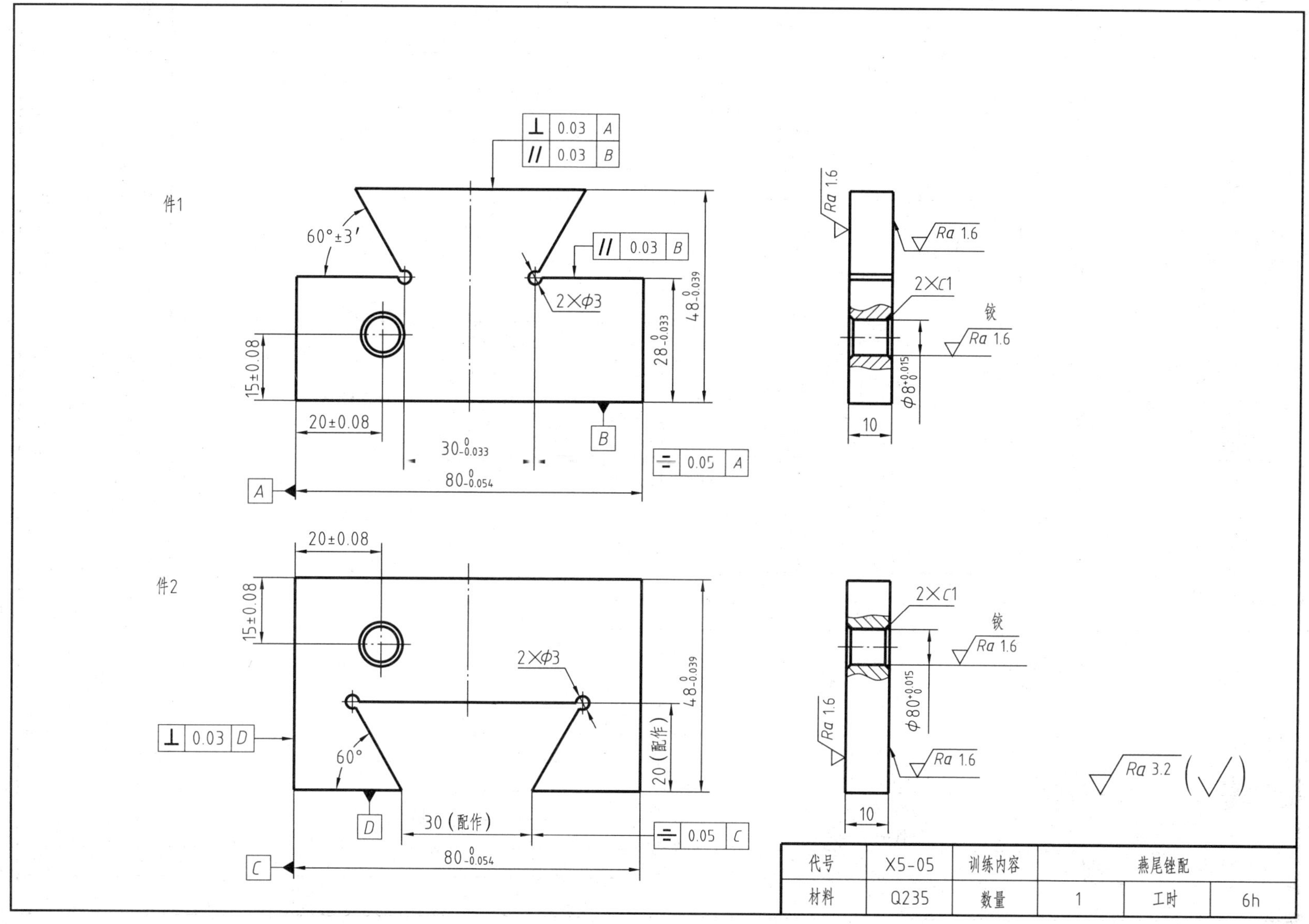

代号	X5-05	训练内容	燕尾锉配		
材料	Q235	数量	1	工时	6h

X5–05 评分表

考件名称		燕尾锉配	材料	Q235	等级	初级	工时	6 h	总分	
项次		考核内容		配分	检验与考核记录		扣分		得分	
1	件 1	$80_{-0.054}^{\ 0}$ mm		5						
2		$48_{-0.039}^{\ 0}$ mm		5						
3		（20 ± 0.08）mm		5						
4		（15 ± 0.08）mm		5						
5		$30_{-0.033}^{\ 0}$ mm		5						
6		$28_{-0.033}^{\ 0}$ mm		5						
7		$\phi 8_{\ 0}^{+0.015}$ mm		5						
8		60° ± 3′		5						
9		⊥ 0.03 A		1						
10		// 0.03 B（2 处）		1 × 2						
11		⌯ 0.05 A		1						
12		C1 mm（2 处）		0.5 × 2						
13		Ra1.6 μm（3 处）		1 × 3						
14		Ra3.2 μm（8 处）		0.5 × 8						
15	件 2	$48_{-0.039}^{\ 0}$ mm		5						
16		$80_{-0.054}^{\ 0}$ mm		5						
17		（15 ± 0.08）mm		5						
18		（20 ± 0.08）mm		5						
19		$\phi 8_{\ 0}^{+0.015}$ mm		5						
20		⊥ 0.03 D		1						
21		⌯ 0.05 C		1						
22		C1 mm（2 处）		0.5 × 2						
23		Ra1.6 μm（3 处）		1 × 3						
24		Ra3.2 μm（8 处）		0.5 × 8						
25	配合	配合间隙≤ 0.06 mm（5 处）		1 × 5						
26		互换配合间隙≤ 0.06 mm		3						
27	其他	安全文明生产		5						
备注										

六、中级工职业技能鉴定考核应会试题 1——制作双圆弧样板

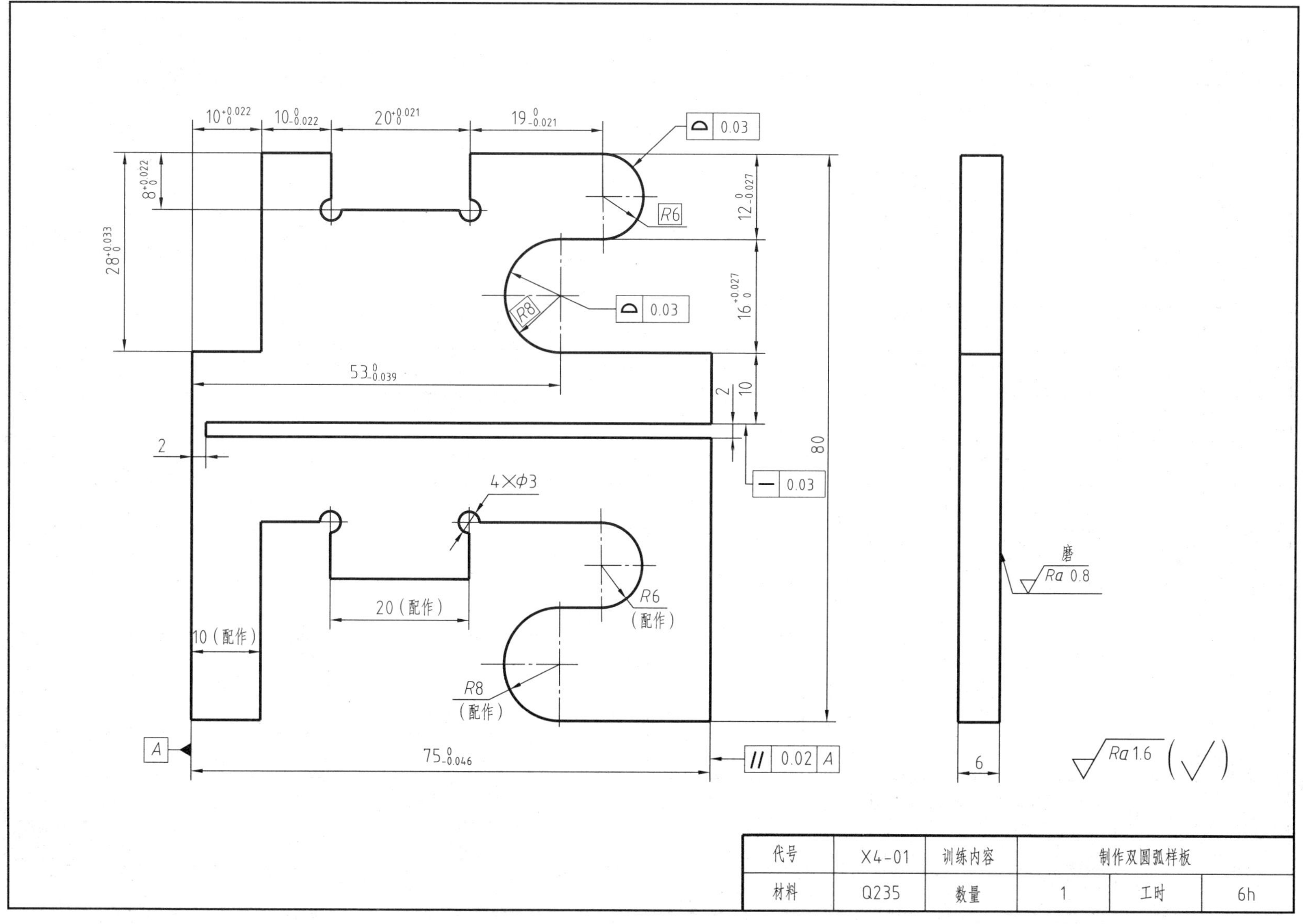

代号	X4-01	训练内容	制作双圆弧样板		
材料	Q235	数量	1	工时	6h

X4–01 评分表

<table>
<tr><td>考件名称</td><td>制作双圆弧样板</td><td>材料</td><td>Q235</td><td>等级</td><td>中级</td><td>工时</td><td>6 h</td><td>总分</td><td></td></tr>
<tr><td>项次</td><td colspan="2">考核内容</td><td>配分</td><td colspan="3">检验与考核记录</td><td>扣分</td><td colspan="2">得分</td></tr>
<tr><td>1</td><td colspan="2">$75_{-0.046}^{\ 0}$ mm</td><td>5</td><td colspan="3"></td><td></td><td colspan="2"></td></tr>
<tr><td>2</td><td colspan="2">$28_{\ 0}^{+0.033}$ mm</td><td>5</td><td colspan="3"></td><td></td><td colspan="2"></td></tr>
<tr><td>3</td><td colspan="2">$8_{\ 0}^{+0.022}$ mm</td><td>5</td><td colspan="3"></td><td></td><td colspan="2"></td></tr>
<tr><td>4</td><td colspan="2">$10_{-0.022}^{\ 0}$ mm</td><td>5</td><td colspan="3"></td><td></td><td colspan="2"></td></tr>
<tr><td>5</td><td colspan="2">$10_{\ 0}^{+0.022}$ mm</td><td>5</td><td colspan="3"></td><td></td><td colspan="2"></td></tr>
<tr><td>6</td><td colspan="2">$20_{\ 0}^{+0.021}$ mm</td><td>5</td><td colspan="3"></td><td></td><td colspan="2"></td></tr>
<tr><td>7</td><td colspan="2">$19_{-0.021}^{\ 0}$ mm</td><td>5</td><td colspan="3"></td><td></td><td colspan="2"></td></tr>
<tr><td>8</td><td colspan="2">$53_{-0.039}^{\ 0}$ mm</td><td>5</td><td colspan="3"></td><td></td><td colspan="2"></td></tr>
<tr><td>9</td><td colspan="2">$12_{-0.027}^{\ 0}$ mm</td><td>5</td><td colspan="3"></td><td></td><td colspan="2"></td></tr>
<tr><td>10</td><td colspan="2">$16_{\ 0}^{+0.027}$ mm</td><td>5</td><td colspan="3"></td><td></td><td colspan="2"></td></tr>
<tr><td>11</td><td colspan="2">⌓ 0.03（2 处）</td><td>4 × 2</td><td colspan="3"></td><td></td><td colspan="2"></td></tr>
<tr><td>12</td><td colspan="2">— 0.3</td><td>4</td><td colspan="3"></td><td></td><td colspan="2"></td></tr>
<tr><td>13</td><td colspan="2">// 0.02 A</td><td>4</td><td colspan="3"></td><td></td><td colspan="2"></td></tr>
<tr><td>14</td><td colspan="2">Ra0.8 μm</td><td>2</td><td colspan="3"></td><td></td><td colspan="2"></td></tr>
<tr><td>15</td><td colspan="2">Ra1.6 μm（26 处）</td><td>0.5 × 26</td><td colspan="3"></td><td></td><td colspan="2"></td></tr>
<tr><td>16</td><td colspan="2">配合间隙≤ 0.05 mm（11 处）</td><td>1 × 11</td><td colspan="3"></td><td></td><td colspan="2"></td></tr>
<tr><td>17</td><td colspan="2">安全文明生产</td><td>8</td><td colspan="3"></td><td></td><td colspan="2"></td></tr>
<tr><td>备注</td><td colspan="9"></td></tr>
</table>

七、中级工职业技能鉴定考核应会试题 2——十字锉配

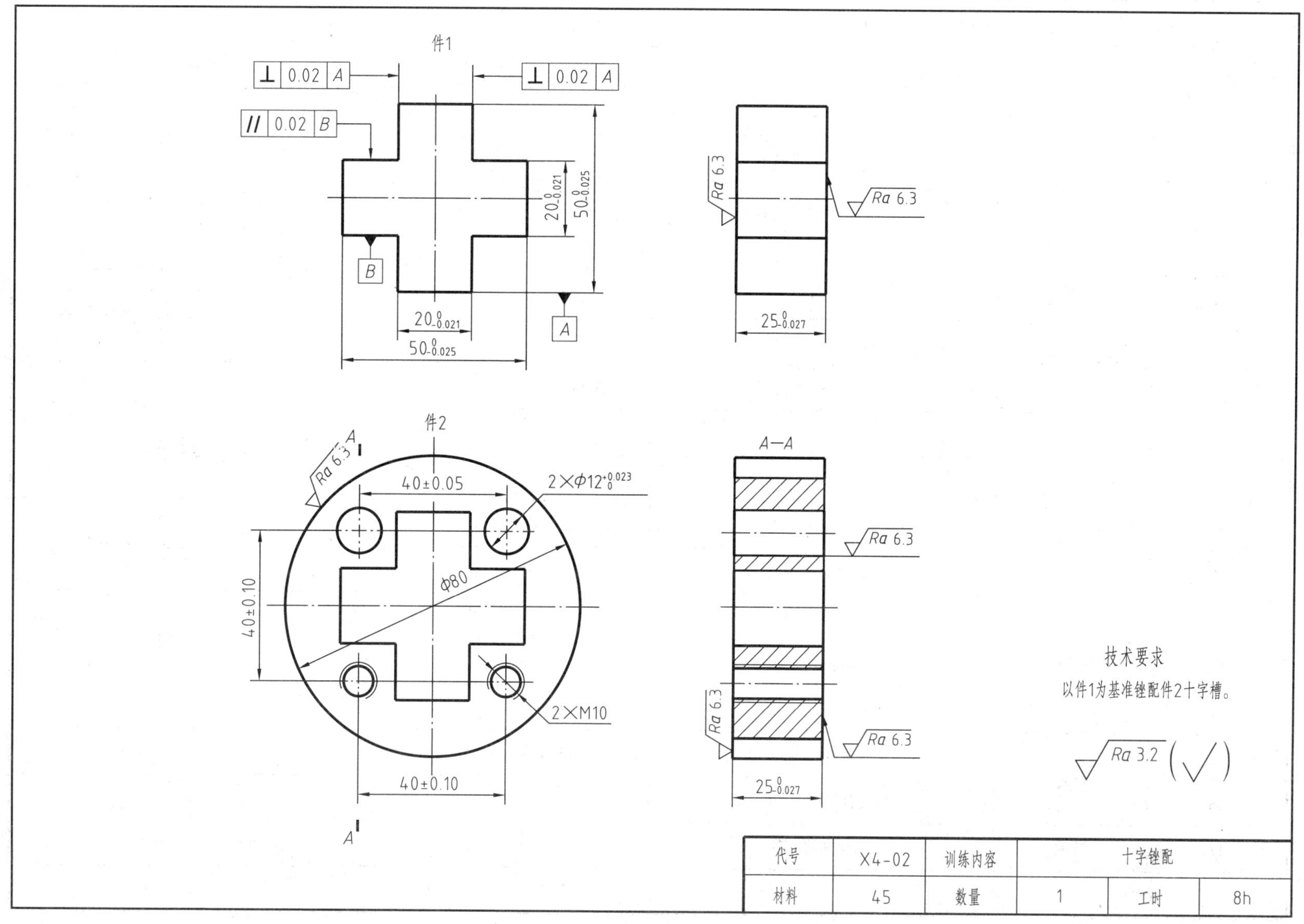

代号	X4-02	训练内容	十字锉配		
材料	45	数量	1	工时	8h

X4–02 评分表

<table>
<tr><td colspan="2">考件名称</td><td>十字锉配</td><td>材料</td><td>45</td><td>等级</td><td>中级</td><td>工时</td><td>8 h</td><td>总分</td><td></td></tr>
<tr><td colspan="2">项次</td><td colspan="2">考核内容</td><td>配分</td><td colspan="3">检验与考核记录</td><td>扣分</td><td colspan="2">得分</td></tr>
<tr><td>1</td><td rowspan="7">件 1</td><td colspan="2">$20_{-0.021}^{0}$ mm（2 处）</td><td>4 × 2</td><td colspan="3"></td><td></td><td colspan="2"></td></tr>
<tr><td>2</td><td colspan="2">$50_{-0.025}^{0}$ mm（2 处）</td><td>4 × 2</td><td colspan="3"></td><td></td><td colspan="2"></td></tr>
<tr><td>3</td><td colspan="2">$25_{-0.027}^{0}$ mm</td><td>4</td><td colspan="3"></td><td></td><td colspan="2"></td></tr>
<tr><td>4</td><td colspan="2">// | 0.02 | B</td><td>2</td><td colspan="3"></td><td></td><td colspan="2"></td></tr>
<tr><td>5</td><td colspan="2">⊥ | 0.02 | A （4 处）</td><td>2 × 4</td><td colspan="3"></td><td></td><td colspan="2"></td></tr>
<tr><td>6</td><td colspan="2">Ra6.3 μm（2 处）</td><td>1 × 2</td><td colspan="3"></td><td></td><td colspan="2"></td></tr>
<tr><td>7</td><td colspan="2">Ra3.2 μm（12 处）</td><td>0.5 × 12</td><td colspan="3"></td><td></td><td colspan="2"></td></tr>
<tr><td>8</td><td rowspan="7">件 2</td><td colspan="2">$25_{-0.027}^{0}$ mm</td><td>4</td><td colspan="3"></td><td></td><td colspan="2"></td></tr>
<tr><td>9</td><td colspan="2">（40 ± 0.05）mm</td><td>4 × 2</td><td colspan="3"></td><td></td><td colspan="2"></td></tr>
<tr><td>10</td><td colspan="2">（40 ± 0.10）mm（2 处）</td><td>4 × 2</td><td colspan="3"></td><td></td><td colspan="2"></td></tr>
<tr><td>11</td><td colspan="2">$\phi 12_{0}^{+0.023}$ mm（2 处）</td><td>4 × 2</td><td colspan="3"></td><td></td><td colspan="2"></td></tr>
<tr><td>12</td><td colspan="2">M10（2 处）</td><td>4 × 2</td><td colspan="3"></td><td></td><td colspan="2"></td></tr>
<tr><td>13</td><td colspan="2">Ra6.3 μm（5 处）</td><td>1 × 5</td><td colspan="3"></td><td></td><td colspan="2"></td></tr>
<tr><td>14</td><td colspan="2">Ra3.2 μm（14 处）</td><td>0.5 × 14</td><td colspan="3"></td><td></td><td colspan="2"></td></tr>
<tr><td>15</td><td rowspan="2">配合</td><td colspan="2">配合间隙 ≤ 0.06 mm（12 处）</td><td>0.5 × 12</td><td colspan="3"></td><td></td><td colspan="2"></td></tr>
<tr><td>16</td><td colspan="2">互换配合间隙 ≤ 0.06 mm</td><td>3</td><td colspan="3"></td><td></td><td colspan="2"></td></tr>
<tr><td>17</td><td>其他</td><td colspan="2">安全文明生产</td><td>5</td><td colspan="3"></td><td></td><td colspan="2"></td></tr>
<tr><td colspan="2">备注</td><td colspan="9"></td></tr>
</table>

八、中级工职业技能鉴定考核应会试题 3——压模镶配

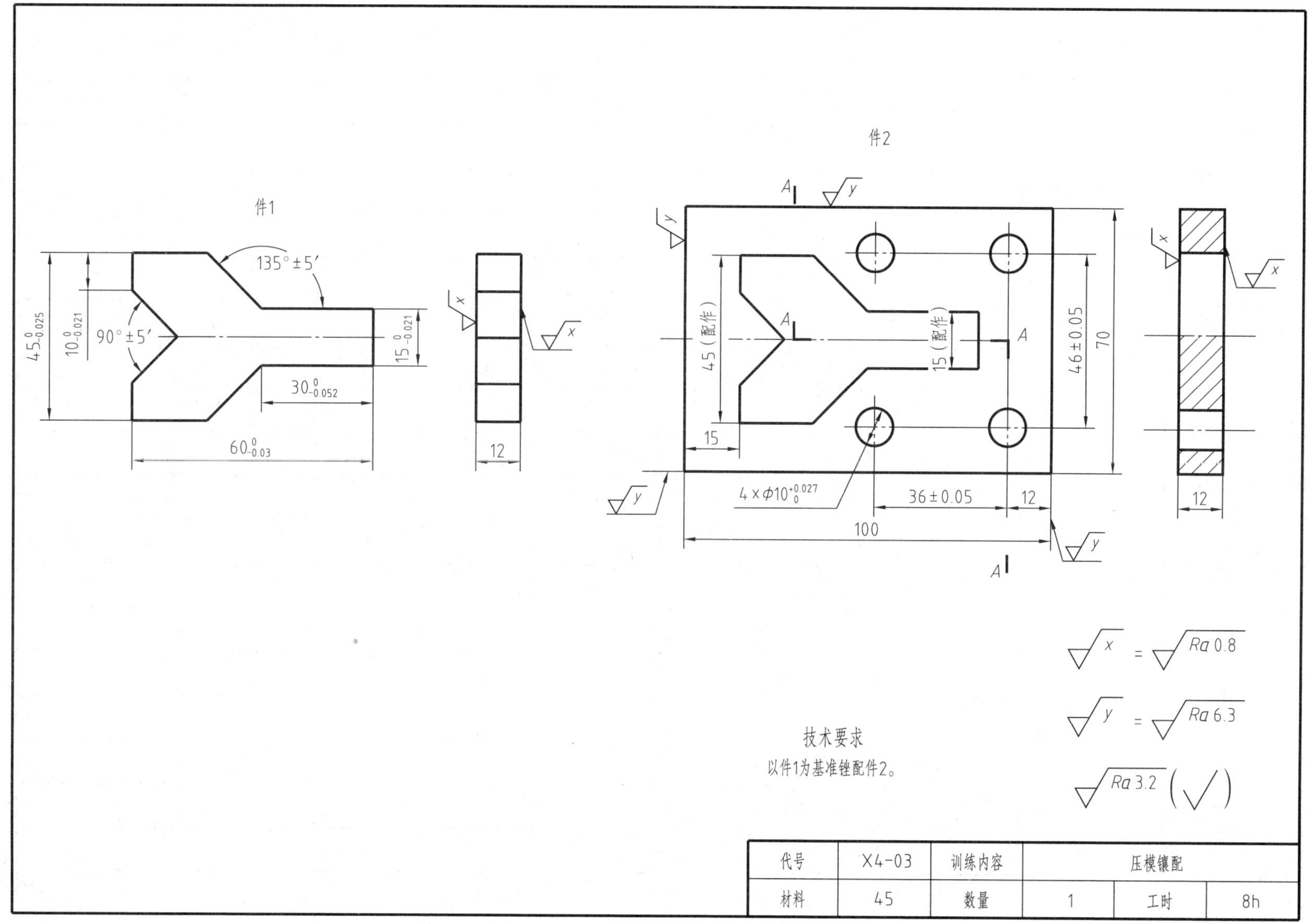

代号	X4-03	训练内容	压模镶配		
材料	45	数量	1	工时	8h

X4–03 评分表

考件名称		压模镶配	材料	45	等级	中级	工时	8 h	总分	
项次		考核内容		配分	检验与考核记录			扣分	得分	
1	件 1	$60_{-0.03}^{0}$ mm		5						
2		$45_{-0.025}^{0}$ mm		5						
3		$30_{-0.052}^{0}$ mm		5						
4		$15_{-0.021}^{0}$ mm		5						
5		$10_{-0.021}^{0}$ mm		5						
6		$135° \pm 5'$		5						
7		$90° \pm 5'$		5						
8		*Ra*0.8 μm（2 处）		1 × 2						
9		*Ra*3.2 μm（11 处）		0.5 × 11						
10	件 2	（46 ± 0.05）mm		5						
11		（36 ± 0.05）mm		5						
12		$\phi 10_{0}^{+0.027}$ mm（4 处）		3 × 4						
13		*Ra*0.8 μm（2 处）		1 × 2						
14		*Ra*6.3 μm（4 处）		1 × 4						
15		*Ra*3.2 μm（19 处）		0.5 × 19						
16	配合	配合间隙≤ 0.06 mm（11 处）		0.5 × 11						
17		互换配合间隙≤ 0.06 mm		7.5						
18	其他	安全文明生产		7						
备注										

九、中级工职业技能鉴定考核应会试题 4——直槽样板锉配

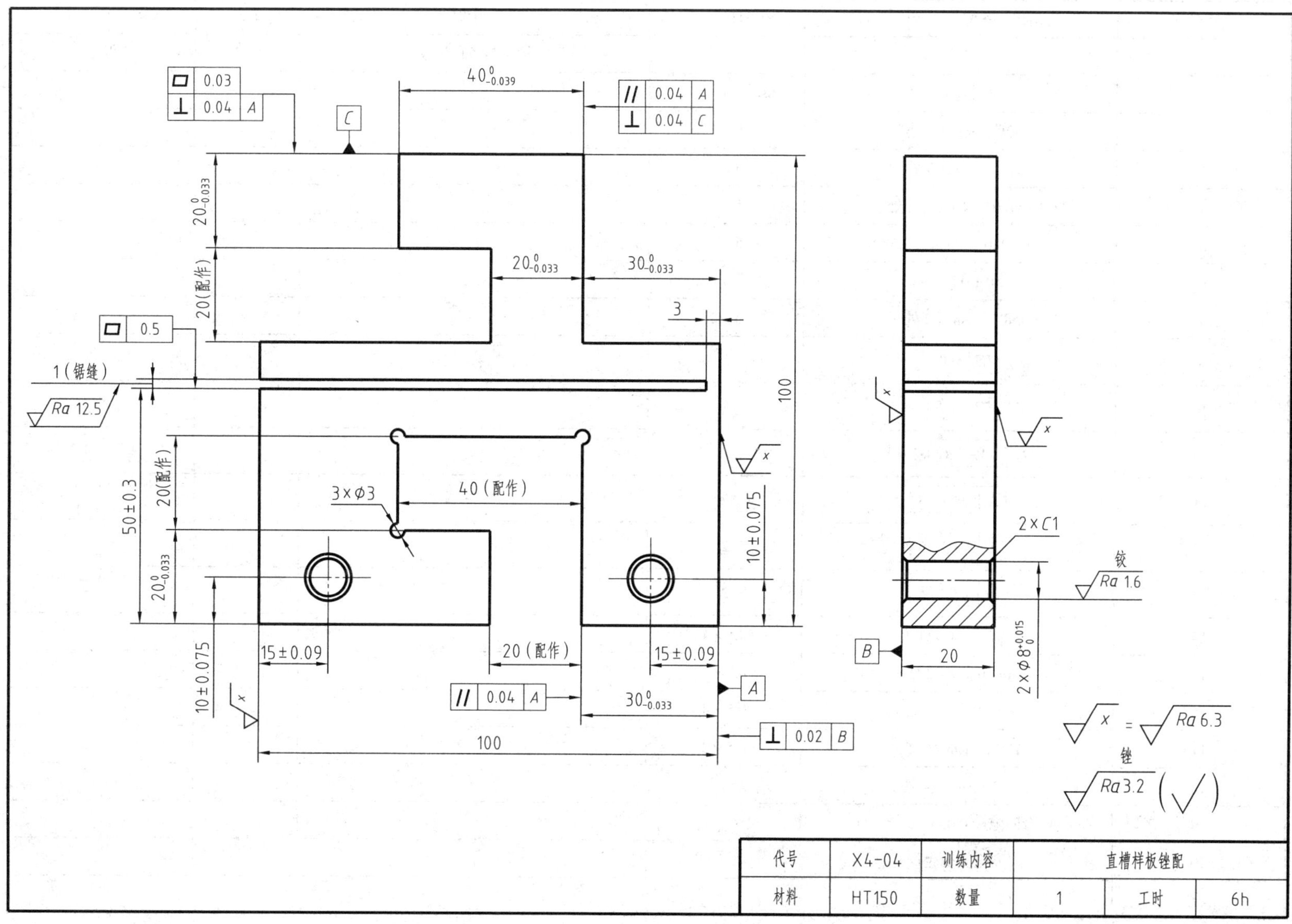

代号	X4-04	训练内容	直槽样板锉配		
材料	HT150	数量	1	工时	6h

X4–04 评分表

考件名称	直槽样板锉配	材料	HT150	等级	中级	工时	6 h	总分	
项次	考核内容		配分	检验与考核记录			扣分	得分	
1	$40_{-0.039}^{\ 0}$ mm		5						
2	$30_{-0.033}^{\ 0}$ mm（2 处）		5×2						
3	$20_{-0.033}^{\ 0}$ mm（3 处）		5×3						
4	（15±0.09）mm（2 处）		5×2						
5	（10±0.075）mm（2 处）		5×2						
6	（50±0.3）mm		5						
7	$\phi 8_{\ 0}^{+0.015}$ mm（2 处）		3×2						
8	▱ 0.03		2						
9	▱ 0.5		2						
10	// 0.04 *A*（2 处）		2×2						
11	⊥ 0.04 *A*		2						
12	⊥ 0.04 *C*		2						
13	⊥ 0.02 *B*		2						
14	*C*1 mm（4 处）		0.5×4						
15	*Ra*1.6 μm（2 处）		0.5×2						
16	*Ra*6.3 μm（4 处）		0.5×4						
17	*Ra*12.5 μm（2 处）		0.5×2						
18	*Ra*3.2 μm（14 处）		0.5×14						
19	配合间隙≤ 0.05 mm（7 处）		7						
20	安全文明生产		5						
备注									

十、中级工职业技能鉴定考核应会试题 5——燕尾锉配

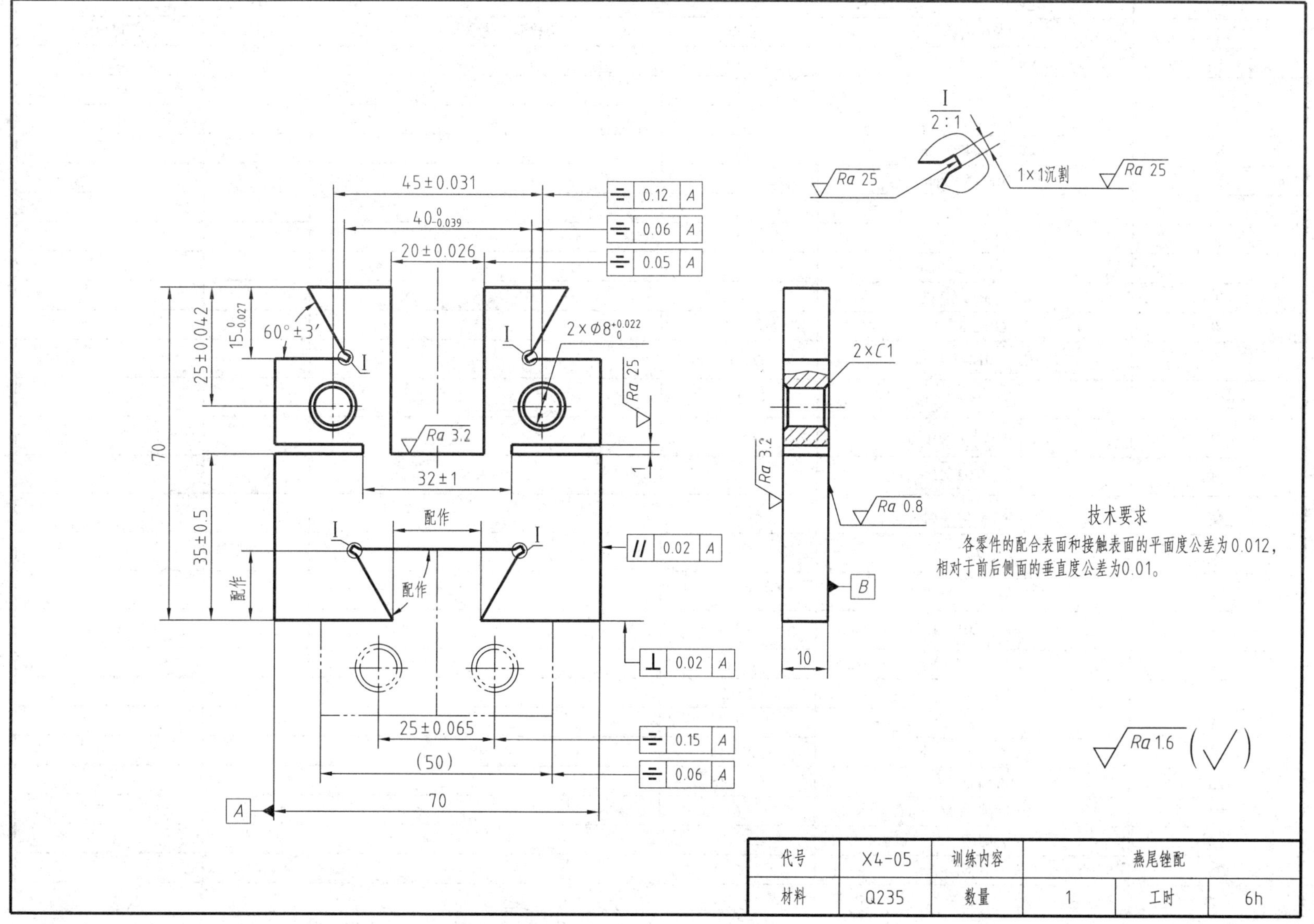

X4–05 评分表

<table>
<tr><td>考件名称</td><td>燕尾锉配</td><td>材料</td><td>Q235</td><td>等级</td><td>中级</td><td>工时</td><td>6 h</td><td>总分</td><td></td></tr>
<tr><td>项次</td><td colspan="2">考核内容</td><td>配分</td><td colspan="3">检验与考核记录</td><td>扣分</td><td colspan="2">得分</td></tr>
<tr><td>1</td><td colspan="2">（45 ± 0.031）mm</td><td>4</td><td colspan="3"></td><td></td><td colspan="2"></td></tr>
<tr><td>2</td><td colspan="2">$40_{-0.039}^{0}$ mm</td><td>4</td><td colspan="3"></td><td></td><td colspan="2"></td></tr>
<tr><td>3</td><td colspan="2">（20 ± 0.026）mm</td><td>4</td><td colspan="3"></td><td></td><td colspan="2"></td></tr>
<tr><td>4</td><td colspan="2">（25 ± 0.042）mm</td><td>4</td><td colspan="3"></td><td></td><td colspan="2"></td></tr>
<tr><td>5</td><td colspan="2">（35 ± 0.5）mm</td><td>4</td><td colspan="3"></td><td></td><td colspan="2"></td></tr>
<tr><td>6</td><td colspan="2">$15_{-0.027}^{0}$ mm</td><td>4</td><td colspan="3"></td><td></td><td colspan="2"></td></tr>
<tr><td>7</td><td colspan="2">（32 ± 1）mm</td><td>4</td><td colspan="3"></td><td></td><td colspan="2"></td></tr>
<tr><td>8</td><td colspan="2">（25 ± 0.065）mm</td><td>4</td><td colspan="3"></td><td></td><td colspan="2"></td></tr>
<tr><td>9</td><td colspan="2">$\phi 8_{0}^{+0.022}$ mm（2 处）</td><td>4 × 2</td><td colspan="3"></td><td></td><td colspan="2"></td></tr>
<tr><td>10</td><td colspan="2">60° ± 3′</td><td>4</td><td colspan="3"></td><td></td><td colspan="2"></td></tr>
<tr><td>11</td><td colspan="2">⏥ 0.012（9 处）</td><td>0.5 × 9</td><td colspan="3"></td><td></td><td colspan="2"></td></tr>
<tr><td>12</td><td colspan="2">// 0.02 A</td><td>1</td><td colspan="3"></td><td></td><td colspan="2"></td></tr>
<tr><td>13</td><td colspan="2">⊥ 0.01 B（9 处）</td><td>0.5 × 9</td><td colspan="3"></td><td></td><td colspan="2"></td></tr>
<tr><td>14</td><td colspan="2">⊥ 0.02 A</td><td>1</td><td colspan="3"></td><td></td><td colspan="2"></td></tr>
<tr><td>15</td><td colspan="2">⌯ 0.15 A</td><td>1</td><td colspan="3"></td><td></td><td colspan="2"></td></tr>
<tr><td>16</td><td colspan="2">⌯ 0.12 A</td><td>1</td><td colspan="3"></td><td></td><td colspan="2"></td></tr>
<tr><td>17</td><td colspan="2">⌯ 0.06 A（2 处）</td><td>1 × 2</td><td colspan="3"></td><td></td><td colspan="2"></td></tr>
<tr><td>18</td><td colspan="2">⌯ 0.05 A</td><td>1</td><td colspan="3"></td><td></td><td colspan="2"></td></tr>
<tr><td>19</td><td colspan="2">C1 mm（4 处）</td><td>0.5 × 4</td><td colspan="3"></td><td></td><td colspan="2"></td></tr>
<tr><td>20</td><td colspan="2">Ra3.2 μm（2 处）</td><td>1 × 2</td><td colspan="3"></td><td></td><td colspan="2"></td></tr>
<tr><td>21</td><td colspan="2">Ra0.8 μm</td><td>1</td><td colspan="3"></td><td></td><td colspan="2"></td></tr>
<tr><td>22</td><td colspan="2">Ra25 μm（18 处）</td><td>0.5 × 18</td><td colspan="3"></td><td></td><td colspan="2"></td></tr>
<tr><td>23</td><td colspan="2">Ra1.6 μm（18 处）</td><td>0.5 × 18</td><td colspan="3"></td><td></td><td colspan="2"></td></tr>
<tr><td>24</td><td colspan="2">配合间隙 ≤ 0.05 mm</td><td>6</td><td colspan="3"></td><td></td><td colspan="2"></td></tr>
<tr><td>25</td><td colspan="2">反向配合间隙 ≤ 0.05 mm</td><td>6</td><td colspan="3"></td><td></td><td colspan="2"></td></tr>
<tr><td>26</td><td colspan="2">安全文明生产</td><td>5</td><td colspan="3"></td><td></td><td colspan="2"></td></tr>
<tr><td>备注</td><td colspan="9"></td></tr>
</table>

十一、高级工职业技能鉴定考核应会试题 1——三角形凸凹对配

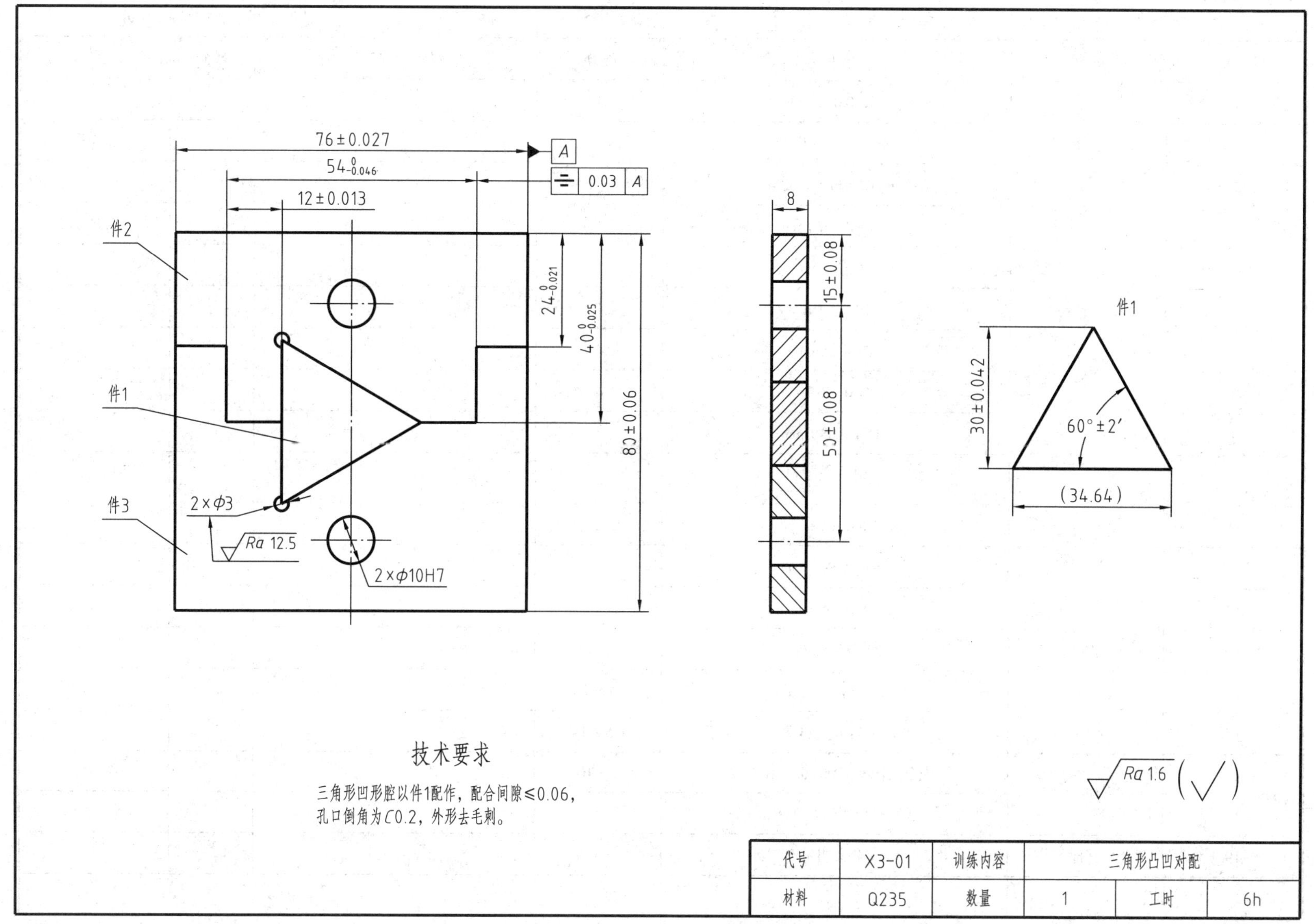

代号	X3-01	训练内容	三角形凸凹对配		
材料	Q235	数量	1	工时	6h

X3–01 评分表

考件名称		三角形凸凹对配	材料	Q235	等级	高级	工时	6 h	总分	
项次		考核内容		配分	检验与考核记录			扣分	得分	
1	件 1	（30 ± 0.042）mm		4						
2		60° ± 2′（3 处）		4 × 3						
3		*Ra*1.6 μm（3 处）		1 × 3						
4	件 2	（76 ± 0.027）mm		4						
5		$40_{-0.025}^{0}$ mm		4						
6		$54_{-0.046}^{0}$ mm		4						
7		$24_{-0.021}^{0}$ mm		4						
8		（12 ± 0.013）mm		4						
9		（15 ± 0.08）mm		4						
10		⌯ | 0.03 | *A*		3						
11		*Ra*1.6 μm（14 处）		0.5 × 14						
12	件 3	（80 ± 0.06）mm		4						
13		（50 ± 0.08）mm		4						
14		*ϕ*10H7（2 处）		4 × 2						
15		*Ra*12.5 μm（2 处）		1 × 2						
16		*Ra*1.6 μm（14 处）		0.5 × 14						
17	配合	配合间隙≤ 0.06 mm（10 处）		1 × 10						
18		互换配合间隙≤ 0.06 mm		7						
19	其他	安全文明生产		5						
备注										

十二、高级工职业技能鉴定考核应会试题 2——对称样板锉配

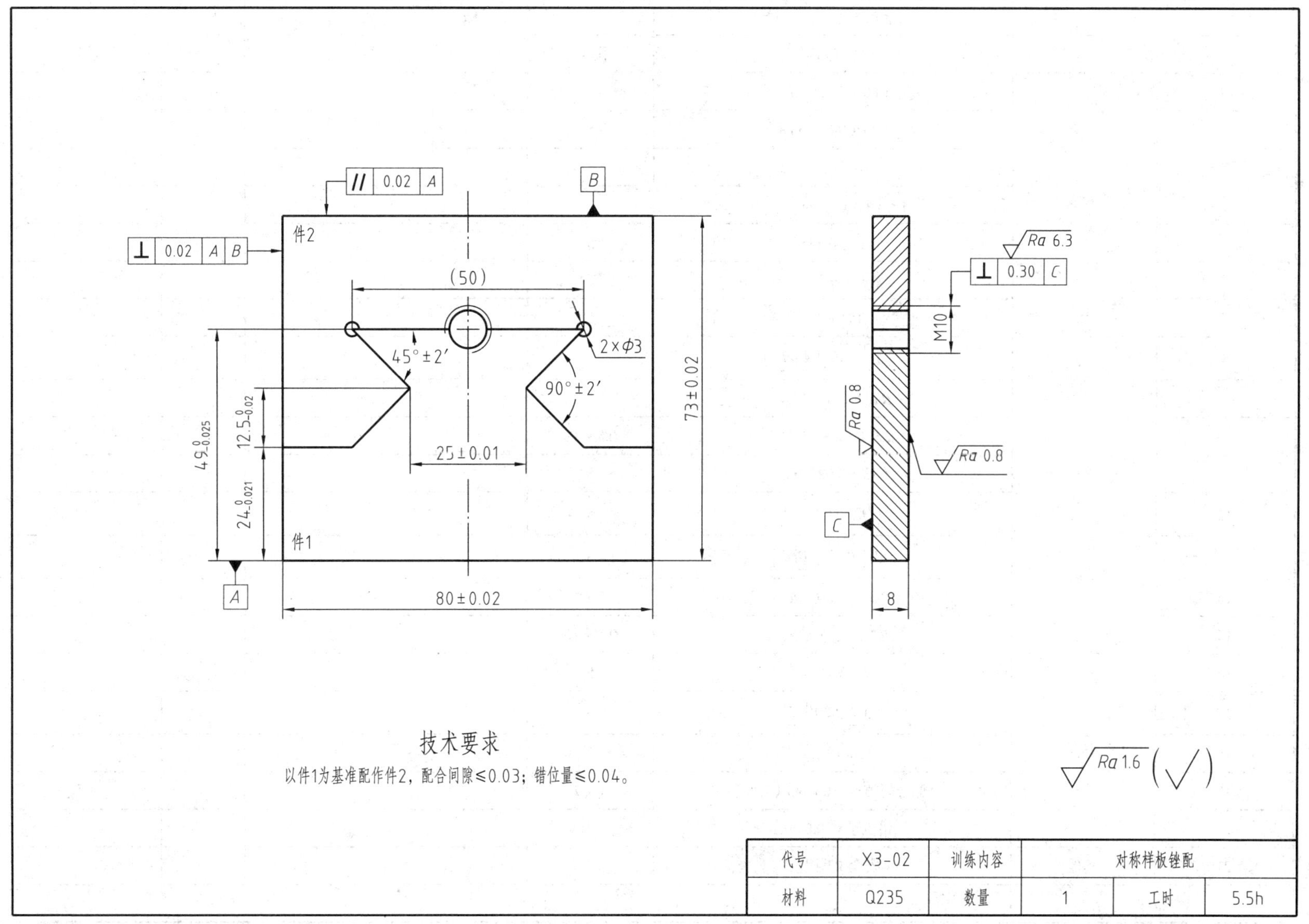

X3–02 评分表

考件名称	对称样板锉配	材料	Q235	等级	高级	工时	5.5 h	总分	

项次		考核内容	配分	检验与考核记录	扣分	得分
1	件 1	（80 ± 0.02）mm	5			
2		（25 ± 0.01）mm	5			
3		$49_{-0.025}^{\ 0}$ mm	5			
4		$12.5_{-0.02}^{\ 0}$ mm	5			
5		$24_{-0.021}^{\ 0}$ mm	5			
6		90° ± 2′	5			
7		45° ± 2′	5			
8		⊥ 0.02 A B	5			
9		*Ra*0.8 μm（2 处）	2 × 2			
10		*Ra*1.6 μm（10 处）	0.5 × 10			
11	件 2	（73 ± 0.02）mm	5			
12		// 0.02 A	5			
13		⊥ 0.02 A B	5			
14		*Ra*0.8 μm（2 处）	2 × 2			
15		*Ra*1.6 μm（10 处）	0.5 × 10			
16	配合	M10	5			
17		⊥ 0.30 C	5			
18		*Ra*6.3 μm	2			
19		配合间隙≤ 0.03 mm（7 处）	1 × 7			
20		错位量≤ 0.04 mm	3			
21	其他	安全文明生产	5			
备注						

十三、高级工职业技能鉴定考核应会试题 3——V 形台阶镶配

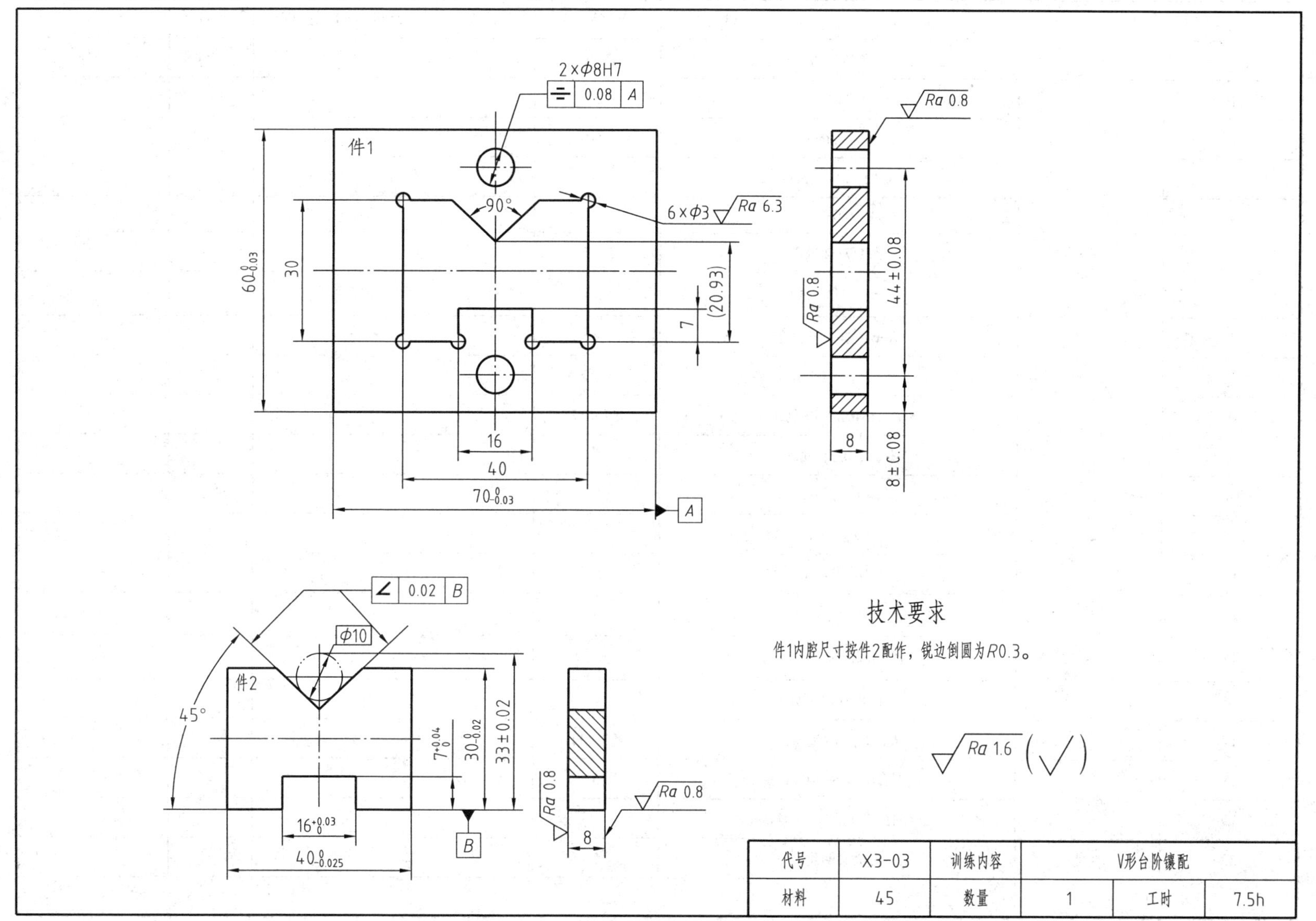

代号	X3-03	训练内容	V形台阶镶配		
材料	45	数量	1	工时	7.5h

X3–03 评分表

考件名称		V 形台阶镶配	材料	45	等级	高级	工时	7.5 h	总分	
项次		考核内容		配分	检验与考核记录			扣分	得分	
1	件 1	$70_{-0.03}^{0}$ mm		5						
2		$60_{-0.03}^{0}$ mm		5						
3		（8 ± 0.08）mm		5						
4		（44 ± 0.08）mm		5						
5		ϕ8H7（2 处）		5 × 2						
6		⌯ 0.08 A		3						
7		*Ra*6.3 μm（6 处）		1 × 6						
8		*Ra*0.8 μm（2 处）		1 × 2						
9		*Ra*1.6 μm（17 处）		0.5 × 17						
10	件 2	（33 ± 0.02）mm		5						
11		$40_{-0.025}^{0}$ mm		5						
12		$30_{-0.02}^{0}$ mm		5						
13		$16_{0}^{+0.03}$ mm		5						
14		$7_{0}^{+0.04}$ mm		5						
15		∠ 0.02 B（2 处）		1.5 × 2						
16		*Ra*0.8 μm（2 处）		1 × 2						
17		*Ra*1.6 μm（11 处）		0.5 × 11						
18	配合	配合间隙≤ 0.04 mm		5						
19		反向配合间隙≤ 0.04 mm		5						
20	其他	安全文明生产		5						
备注										

十四、高级工职业技能鉴定考核应会试题 4——双燕尾镶配

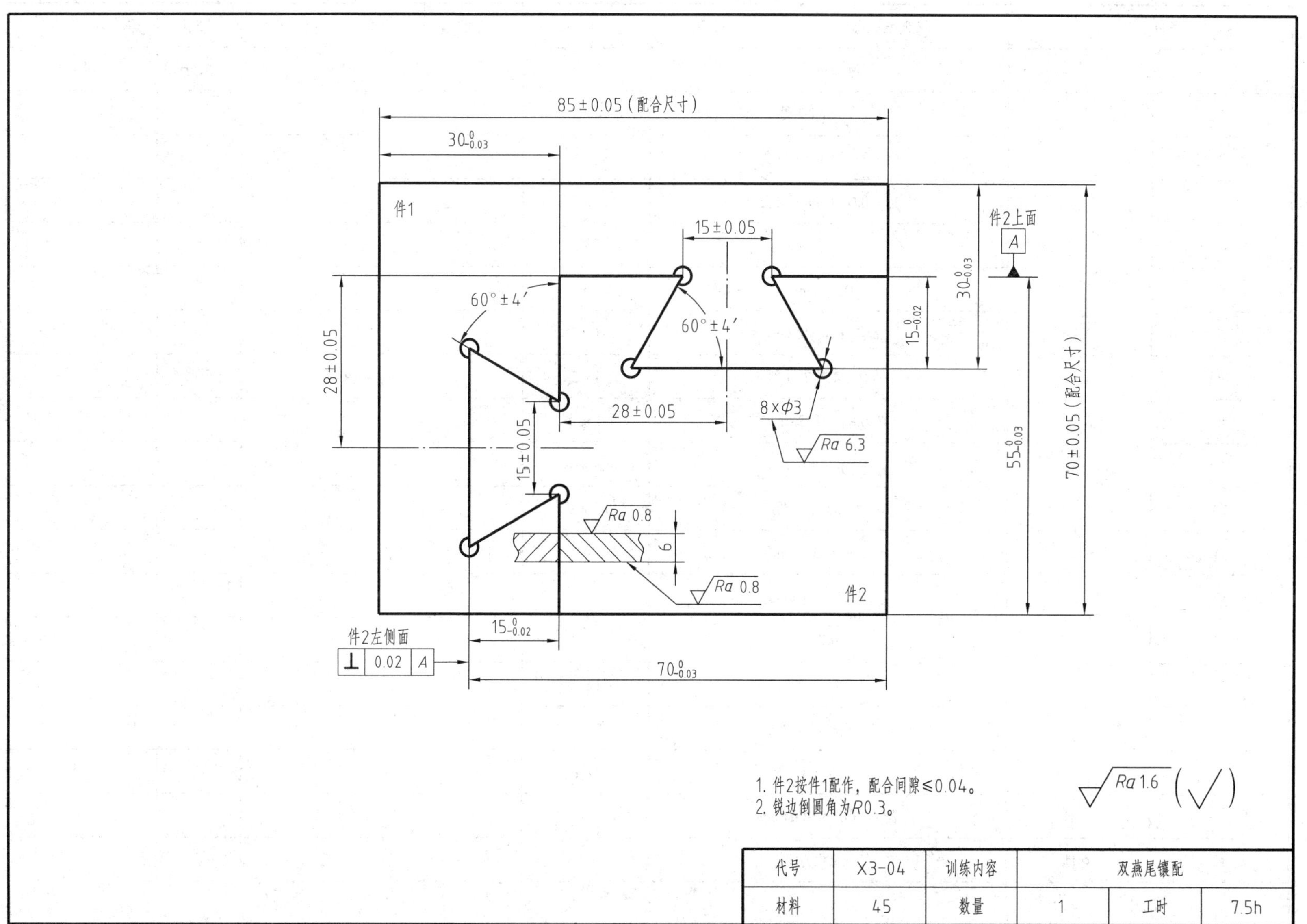

X3–04 评分表

考件名称		双燕尾镶配	材料	45	等级	高级	工时	7.5 h	总分	
项次		考核内容		配分	检验与考核记录			扣分	得分	
1	件 1	$30_{-0.03}^{0}$ mm（2 处）		4×2						
2		（15±0.05）mm（2 处）		4×2						
3		（28±0.05）mm（2 处）		4×2						
4		$55_{-0.03}^{0}$ mm		4						
5		$70_{-0.03}^{0}$ mm		4						
6		$15_{-0.02}^{0}$ mm（2 处）		4×2						
7		60°±4′（2 处）		3×2						
8		*Ra*0.8 μm（2 处）		1×2						
9		*Ra*6.3 μm（4 处）		1×4						
10		*Ra*1.6 μm（14 处）		0.5×14						
11	件 2	（85±0.05）mm		4						
12		（70±0.05）mm		4						
13		⊥ 0.02 A		2						
14		*Ra*0.8 μm（2 处）		1×2						
15		*Ra*6.3 μm（4 处）		1×4						
16		*Ra*1.6 μm（14 处）		1×14						
17	配合	配合间隙≤ 0.04 mm		6						
18	其他	安全文明生产		5						
备注										

十五、高级工职业技能鉴定考核应会试题 5——制作三角总成

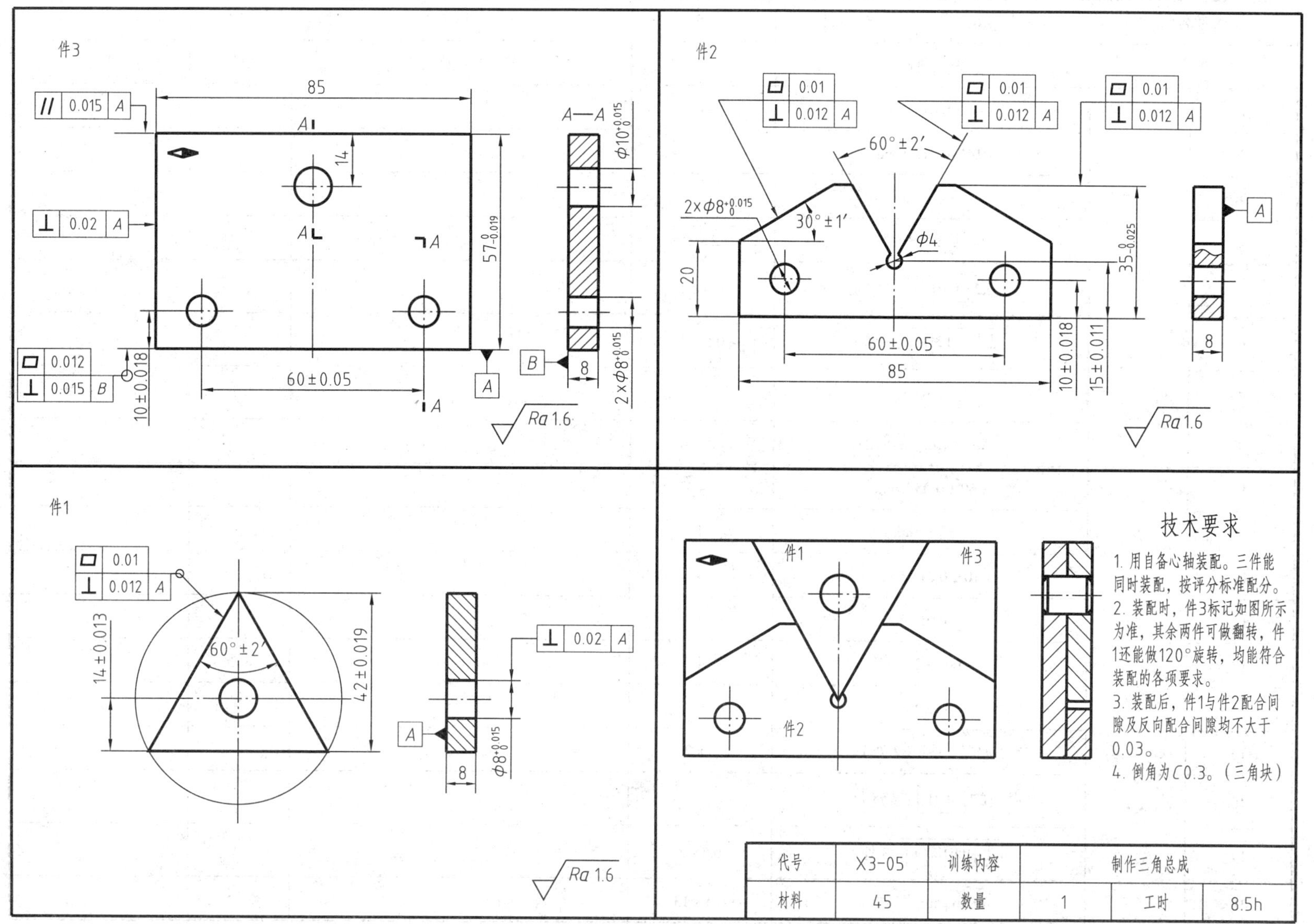

X3–05 评分表

<table>
<tr><td colspan="2">考件名称</td><td>制作三角总成</td><td>材料</td><td>45</td><td>等级</td><td>高级</td><td>工时</td><td>8.5 h</td><td>总分</td><td></td></tr>
<tr><td colspan="2">项次</td><td colspan="2">考核内容</td><td>配分</td><td colspan="3">检验与考核记录</td><td>扣分</td><td colspan="2">得分</td></tr>
<tr><td>1</td><td rowspan="8">件 1</td><td colspan="2">（42 ± 0.019）mm</td><td>4</td><td colspan="3"></td><td></td><td colspan="2"></td></tr>
<tr><td>2</td><td colspan="2">（14 ± 0.013）mm</td><td>4</td><td colspan="3"></td><td></td><td colspan="2"></td></tr>
<tr><td>3</td><td colspan="2">$\phi 8^{+0.015}_{0}$ mm</td><td>4</td><td colspan="3"></td><td></td><td colspan="2"></td></tr>
<tr><td>4</td><td colspan="2">60° ± 2′（3 处）</td><td>2 × 3</td><td colspan="3"></td><td></td><td colspan="2"></td></tr>
<tr><td>5</td><td colspan="2">▱ 0.01（3 处）</td><td>0.5 × 3</td><td colspan="3"></td><td></td><td colspan="2"></td></tr>
<tr><td>6</td><td colspan="2">⊥ 0.012 A（3 处）</td><td>0.5 × 3</td><td colspan="3"></td><td></td><td colspan="2"></td></tr>
<tr><td>7</td><td colspan="2">⊥ 0.02 A</td><td>0.5</td><td colspan="3"></td><td></td><td colspan="2"></td></tr>
<tr><td>8</td><td colspan="2">Ra1.6 μm（6 处）</td><td>0.5 × 6</td><td colspan="3"></td><td></td><td colspan="2"></td></tr>
<tr><td>9</td><td rowspan="10">件 2</td><td colspan="2">（60 ± 0.05）mm</td><td>4</td><td colspan="3"></td><td></td><td colspan="2"></td></tr>
<tr><td>10</td><td colspan="2">$35^{0}_{-0.025}$ mm</td><td>4</td><td colspan="3"></td><td></td><td colspan="2"></td></tr>
<tr><td>11</td><td colspan="2">（10 ± 0.018）mm</td><td>4</td><td colspan="3"></td><td></td><td colspan="2"></td></tr>
<tr><td>12</td><td colspan="2">（15 ± 0.011）mm</td><td>4</td><td colspan="3"></td><td></td><td colspan="2"></td></tr>
<tr><td>13</td><td colspan="2">60° ± 2′</td><td>4</td><td colspan="3"></td><td></td><td colspan="2"></td></tr>
<tr><td>14</td><td colspan="2">30° ± 1′</td><td>4</td><td colspan="3"></td><td></td><td colspan="2"></td></tr>
<tr><td>15</td><td colspan="2">$\phi 8^{+0.015}_{0}$ mm（2 处）</td><td>3 × 2</td><td colspan="3"></td><td></td><td colspan="2"></td></tr>
<tr><td>16</td><td colspan="2">▱ 0.01（3 处）</td><td>0.5 × 3</td><td colspan="3"></td><td></td><td colspan="2"></td></tr>
<tr><td>17</td><td colspan="2">⊥ 0.012 A（3 处）</td><td>0.5 × 3</td><td colspan="3"></td><td></td><td colspan="2"></td></tr>
<tr><td>18</td><td colspan="2">Ra1.6 μm（13 处）</td><td>0.5 × 13</td><td colspan="3"></td><td></td><td colspan="2"></td></tr>
</table>

续表

<table>
<tr><td colspan="2">考件名称</td><td>制作三角总成</td><td>材料</td><td>45</td><td>等级</td><td>高级</td><td>工时</td><td>8.5 h</td><td>总分</td><td></td></tr>
<tr><td colspan="2">项次</td><td colspan="2">考核内容</td><td>配分</td><td colspan="3">检验与考核记录</td><td>扣分</td><td colspan="2">得分</td></tr>
<tr><td>19</td><td rowspan="10">件 3</td><td colspan="2">$57_{-0.019}^{0}$ mm</td><td>4</td><td colspan="3"></td><td></td><td colspan="2"></td></tr>
<tr><td>20</td><td colspan="2">（60 ± 0.05）mm</td><td>4</td><td colspan="3"></td><td></td><td colspan="2"></td></tr>
<tr><td>21</td><td colspan="2">（10 ± 0.018）mm</td><td>4</td><td colspan="3"></td><td></td><td colspan="2"></td></tr>
<tr><td>22</td><td colspan="2">$\phi10_{0}^{+0.015}$ mm</td><td>4</td><td colspan="3"></td><td></td><td colspan="2"></td></tr>
<tr><td>23</td><td colspan="2">$\phi8_{0}^{+0.015}$ mm（2 处）</td><td>2 × 2</td><td colspan="3"></td><td></td><td colspan="2"></td></tr>
<tr><td>24</td><td colspan="2">⏥ | 0.012（4 处）</td><td>0.5 × 4</td><td colspan="3"></td><td></td><td colspan="2"></td></tr>
<tr><td>25</td><td colspan="2">⊥ | 0.015 | B（4 处）</td><td>0.5 × 4</td><td colspan="3"></td><td></td><td colspan="2"></td></tr>
<tr><td>26</td><td colspan="2">⊥ | 0.02 | A</td><td>0.5</td><td colspan="3"></td><td></td><td colspan="2"></td></tr>
<tr><td>27</td><td colspan="2">// | 0.015 | A</td><td>0.5</td><td colspan="3"></td><td></td><td colspan="2"></td></tr>
<tr><td>28</td><td colspan="2">Ra1.6 μm（9 处）</td><td>0.5 × 9</td><td colspan="3"></td><td></td><td colspan="2"></td></tr>
<tr><td>29</td><td rowspan="2">配合</td><td colspan="2">配合间隙≤ 0.03 mm</td><td>2.5</td><td colspan="3"></td><td></td><td colspan="2"></td></tr>
<tr><td>30</td><td colspan="2">反向配合间隙≤ 0.03 mm</td><td>2</td><td colspan="3"></td><td></td><td colspan="2"></td></tr>
<tr><td>31</td><td>其他</td><td colspan="2">安全文明生产</td><td>2</td><td colspan="3"></td><td></td><td colspan="2"></td></tr>
<tr><td colspan="2">备注</td><td colspan="9"></td></tr>
</table>